クハ86338　東京　1974年7月10日
写真／佐藤 博

懐かしの湘南顔電車

NOSTALGIC SHŌNAN-FACE TRAINS

一時代を築いた
電車たちの顔

旅鉄 BOOKS

「旅と鉄道」編集部 編

天夢人
Temjin

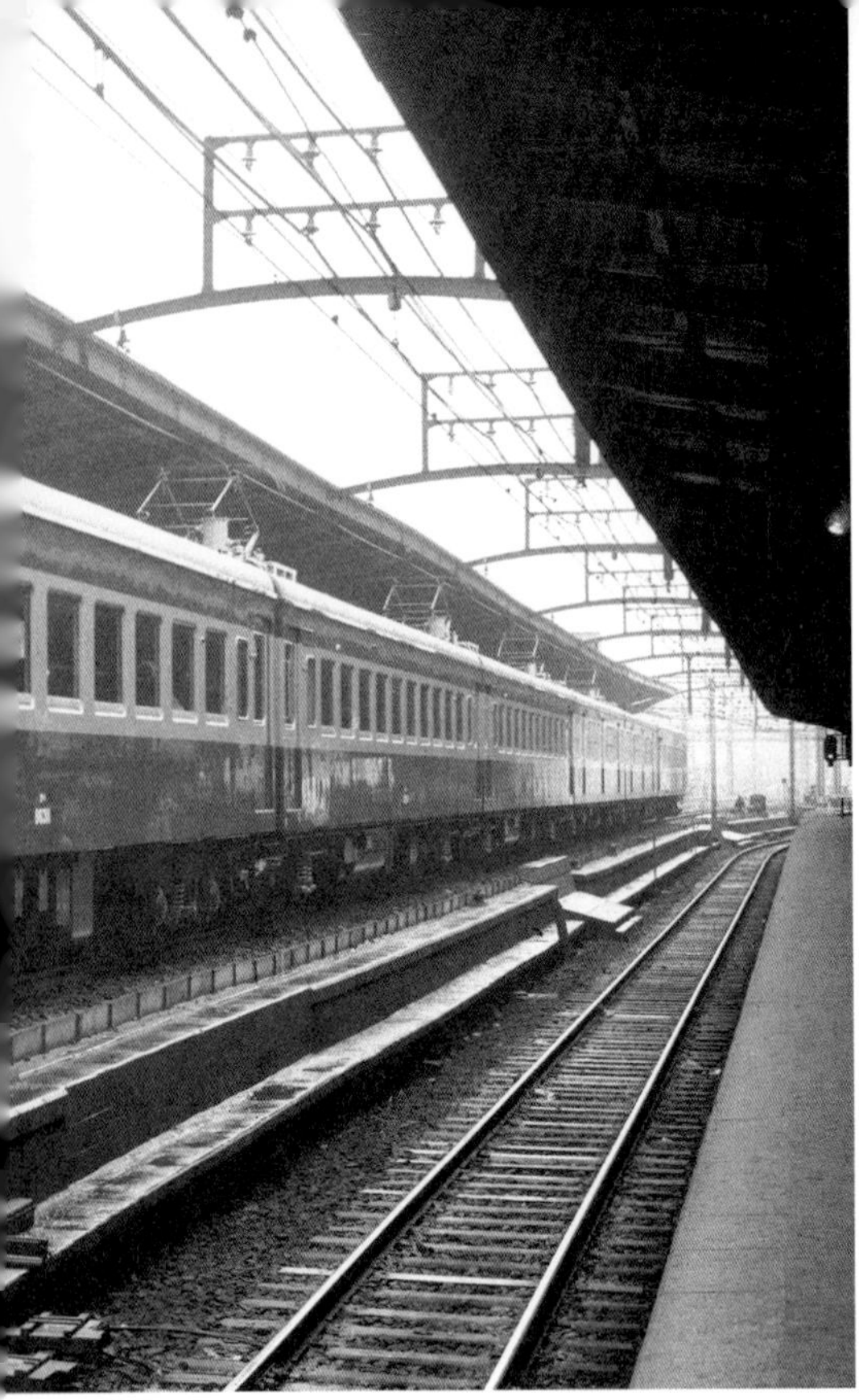

「湘南顔」の誕生

1950年、80系電車の増備車が採用した2枚窓のデザインは、後に80系の愛称、湘南電車にちなんで「湘南顔」と呼ばれることになる。国鉄でも70系電車をはじめ、さまざまな車両で採用された。

80系に続いて湘南顔を採用した近郊仕様の70系。青とクリーム色の通称スカ色が定番だった。クハ76023以下。
名古屋　1973年5月21日
写真／佐藤 博

湘南顔を初めて採用した80系電車。全金属車体になってから、いっそうスマートな外観になった。クハ86311以下、70系との混結編成。
東京　1957年7月26日
写真／大那庸之助

新潟に転属した70系は、視認性を高めるため独自の塗装に変更。雪国仕様になり、勇ましさが増した。クハ76002以下。
長岡　1974年10月29日
写真／佐藤 博

孤高の湘南顔 ＥＦ58形61号機

電車の顔だった「湘南顔」は、電気機関車のＥＦ58形にも採用された。お召列車牽引機の61号機は、独自の溜色《ためいろ》も相まって、孤高の上品さと美しさを見せる。

お召列車の装備が施されたEF58形61号機。明るく軽快な湘南顔は、かくも上品な表情で多くの人を魅了した。
原宿（宮廷ホーム）
1984年9月25日
写真／松尾よしたか

国鉄から私鉄へ アレンジされて 広がる湘南顔

東急電鉄5000系は、張殻構造の車体断面を持つため、オリジナルの湘南顔とはやや印象が異なる。尾山台　1977年3月11日　写真／佐藤 博

近畿日本鉄道の800系は丸みのある前面で、前面窓全体を国鉄EH10形のように一段傾斜させた。新田辺～富野荘間　1976年11月22日　写真／佐藤 博

西武鉄道は数多くの湘南顔を採用。形式ごとに前面窓のデザインが改良されていった。101系（右）、701系（左）。椎名町　1976年2月20日　写真／佐藤 博

湘南顔は国鉄の枠にとどまらず、多くの私鉄にも採用された。しかも、各社でアレンジが加えられ、豊富なバリエーションになっていった。

名古屋鉄道5000系は、当時の「日車湘南形」とでも呼ぶべきデザインで、秩父鉄道、富士急行、長野電鉄でも同様のデザインの車両が導入された。豊橋〜伊那間　1977年5月4日　写真／佐藤 博

地方私鉄や路面電車にも登場

秩父鉄道では300系と500系の2形式で採用。基本的なデザインは、前ページの名古屋鉄道5000系と同タイプといえる。 三峰口 1983年5月28日 写真／児島眞雄

炭鉱の街、夕張を走った夕張鉄道では、キハ250形気動車に湘南顔を採用した。野幌 1969年2月7日 写真／西村雅幸

大手私鉄を引退した湘南顔の電車は地方私鉄に譲渡され、新天地で活躍を続けた。写真は西武鉄道351系の譲渡車、上毛電気鉄道230形。大胡　1987年3月14日　写真／森中清貴

湘南顔と、それをアレンジしたデザインは、地方私鉄や路面電車にも波及。全国で2枚窓の車両が走っていた。

各地の路面電車にも湘南顔がアレンジされた。廃止を目前にした品川駅前で、5500形が京浜急行電鉄の湘南顔とご対面。1967年12月　写真／児島眞雄

Contents

Chapter 4 ······ 107

地方私鉄の
湘南顔鉄道車両

COLUMN

Chapter 5 ······ 147

軌道を走った
湘南顔電車

Prologue

さまざまに発展した湘南顔の鉄道車両

国鉄が開発した車両には、151系「こだま型」、キハ82系「白鳥型」、581系「月光型」などと、初めて投入した列車にちなんだ愛称があり、それぞれの先頭形状がある。これら愛称の付けられた形式の多くは国鉄のスタンダードなデザインとなり、他の形式でも採用されていった。ただ、たいていは151系から481系、キハ82系からキハ181系などと同じカテゴリー内の発展形式となるのだが、車両のカテゴリーを越えて、さらに鉄道事業者の枠を越えて大

手私鉄、地方私鉄、路面電車に至るまで採り入れられたデザインは「湘南顔」をおいてほかにない。

「湘南顔」とは80系電車の改良型が採用した前面デザインで、前面中央から両側に後退角があり、2枚の大きな前面窓には上に向かって傾斜が付けられている。明るく、軽快で高性能な印象を与えるデザインは電車だけにとどまらず気動車、電気機関車、ディーゼル機関車にまで採用された。現在のように意匠権がうるさくない時代だったからか、はたまた公共事業体の国鉄が生み出したデザインだからか、2枚窓の前面デザインは私鉄でも模倣され、一大ブームとなった。やがて、このデザインは80系の愛称「湘南電車」にちなんで「湘南顔」と呼ばれるようになった。

本書は、これら「湘南顔」の電車をまとめた本である。『懐かしの湘南顔電車』というタイトルだが、気動車や機関車も掲載している。基本的に新製した鉄道事業者ベースで構成したが、

写真が揃わなかったり諸般の事情から掲載できなかった車両もある。また、いろいろな資料を参考に取り上げたものの、セレクトから漏れている車両もあると思われる。そのくらいに多かった。

また、見て明らかな「湘南顔」だけでなく、丸みが強かったり、後退角はないが傾斜していたり、後退角があるが傾斜のない平面に2枚窓が配されたりと、「湘南顔」に入れるか悩むデザインも多々見られたが、年代を考えれば湘南顔の影響だろう、というものは本編ないしコラムにて取り上げた。「時を作った顔」として寛大に受け止めていただければ幸いである。

まずは調べれば調べるほど奥の深い「湘南顔」の世界をご堪能いただきたい。そして、まだ現役で走っている湘南顔の電車たちに乗りに行っていただき、「湘南顔」を外から、中から記憶に残していただければ幸甚である。

「旅と鉄道」編集部

Chapter 1

第1章 現役の湘南顔電車を探求

湘南顔の登場から70年以上。多くは引退してしまったが、今も現役で走っている車両もある。第1章では、現役の湘南顔車両を代表して、元京王電鉄2010系の、銚子電鉄2000形のディテールを紹介。外から、中から、湘南顔を見ていこう。

Active train of the SHONAN FACE

現役湘南顔電車

銚子電気鉄道2000形

クハ2001の前面。車体色は銚子電鉄で過去に採用された塗色を国鉄80系電車のように塗り分ける。

京王電鉄時代はまとったことのない
“金太郎”塗り分けで銚子電鉄を支える

京王帝都電鉄の2010系を改造したデハ2000形。デハ2001＋クハ2501の車体色は、銚子電鉄の昔の色である濃淡ブルーのツートンをまとう。銚子寄りの先頭車は“湘南顔”で走り続ける。

戦後の京王線を近代化した立役者

京王帝都電鉄（現・京王電鉄）の基幹路線である京王線は、もともと路面電車と同じ軌道の規格だった歴史があり、軌間が東京都電と同じ１３７２㎜なのもユニークである。太平洋戦争後の復興から高度経済成長に移る時期の１９５７（昭和32）年、この路線で初のカルダン駆動の電車２０００系が登場した。63（昭和38）年に架線電圧を従来の６００Ｖから１５００Ｖへと昇圧することになり、既存の戦前製小型電車を置き換えるべく、新型電車２０１０系が59（昭和34）年にデビューした。

２０１０系の車体は２０００系から大きな変化がなく、主電動機の出力向上などの改良が行われた。車体は17ｍ級で丸みのある前面に大きな窓が２枚ある「湘南顔」である。

先頭車が電動車で、中間に連結する付随車に当初は戦前製小型車を改造したものもあったが、68（昭和43）年までに新製車に統一された。塗色はライトグリーンが基本だが、一部は５０００系と同様のアイボリー＋エンジ帯の装いとなり、特急にも使用された。２０１０系が京王を

文／松尾よしたか　写真／林 要介（「旅と鉄道」編集部）
取材協力／銚子電気鉄道株式会社　取材日／2021年9月17日　仲ノ町車庫

京王帝都電鉄デハ2070から伊予鉄道モハ822を経て、銚子電鉄デハ2001となった。前面2枚窓、片開き戸などに1950年代の電車らしいスタイルをしている。

デハ2000形 デハ2001

引退したのは84（昭和59）年だった。

遠く四国へ転じた2010系

四国の愛媛県、松山市と周辺に路線を持つ伊予鉄道は、最初の区間が1888（明治21）年に軌間762㎜の非電化路線として開業した。これが四国初の鉄道となり、夏目漱石の小説「坊っちゃん」で「マッチ箱のような汽車」と描写されたこともよく知られている。

後に軌間を1067㎜に改め電化もした伊予鉄道では、1980年代はじめに従来からの電車を置き換えることを検討した。地方私鉄では20m級よりも17mまたは18m級の電車が望ましく、京王帝都電鉄で同じ軌間1067㎜の井の頭線で引退が見込まれる1000系がまず候補に挙がった。しかし、京王線の2010系の方が車齢が低く、車体寸法も伊予鉄道により適していることが判明し、方針が改められた。

こうした経緯で、2010系を伊予鉄道が譲り受けることになった。軌間を京王線の1372㎜から1067㎜に改めるため、電動車は井の頭線の1000系から台車を転用し、付随車は元の台車を改造した。モハ+サハ+モハの3

クハ2500形 クハ2501

京王帝都電鉄サハ2575から伊予鉄道サハ852を経て、銚子電鉄クハ2501となった。京王5000系に似た前面だが、拡幅車体になっていない。

両×6編成、計18両が1984〜85（昭和59〜60）年に伊予鉄道入りすることになり、そのための改造工事は主として京王グループの京王重機整備で実施されたが、一部は未改造のまま伊予鉄道古町車両工場へ搬入し現地で改造された。

伊予鉄道に移った2010系は形式名を800系と改め、84（昭和59）年8月に営業運転を開始。翌年から分散式冷房装置を搭載する工事を実施され、87（昭和62）年までに全車が冷房車になった。閑散時は片方のモハを外して2両で運転すべく、93〜94（平成5〜6）年に中間のサハの片側に運転台を設置してクハ化する改造が行われた。この改造工事は京王重機整備が伊予鉄道古町工場へ出張して実施し、前面は京王5000系と同様のデザインとなった。ただし、車体が幅狭で裾の絞りがないので、印象がやや異なる。

銚子電鉄に集まった元京王の6両の仲間たち

21世紀に入り、銚子電鉄では車両を世代交代させることになり、伊予鉄道で引退した800系（元京王2010系）、2両編成2本を2009（平成21）年に譲り受けた。

伊予鉄道カラーで伊予線を走る800系。写真の先頭車はモハ822で、後に銚子電鉄デハ2001となるそのものである。写真／鈴木一成

緑色単色で走る京王帝都電鉄時代の2010系（写真は伊予鉄道への譲渡車ではない）。明大前　1983年6月　写真／松尾よしたか

2001編成が2010〜17年にまとった、京王時代と同じ緑色単色。仲ノ町　2011年8月22日　写真提供／銚子電気鉄道

現在の2002編成（デハ2002＋クハ2502）は1973〜90年にかけて採用されていた塗色をまとう。向かって右の通過表示灯を点灯して銚子駅に入線する。2021年9月17日

2002編成が広告ラッピングからアイボリー＋エンジ帯の間に、一時期まとったアイボリー単色。　仲ノ町　2010年3月18日　写真提供／銚子電気鉄道

これらの電車の京王帝都電鉄当時の車番がデハ2070＋サハ2575、デハ2069＋サハ2576で、伊予鉄道入線でモハ822＋サハ852、モハ823＋サハ853となり、さらにサハが先頭化改造されてクハと改称された。

銚子電鉄には伊予鉄道の仕様のままやってきて、到着後にワンマン運転用の料金箱設置などの改造工事を仲ノ町《なかのちょう》工場で行い、形式を2000形と改め、それぞれの編成がデハ2001＋クハ2501、デハ2002＋クハ2502となった。ただし、車体の標記は数字のみである。また、前面はデハが2枚窓なのに対し、クハはサハから改造された貫通型のため、編成の前後で顔が異なる。

それまで両運転台の電車による単行運転が基本だったのを片運転台2両編成に置き換え、結果として輸送力増強になったのだが、それは意図したことではない。電動車を両運転台に改造するより、2両編成のまま譲り受けた方が経費を節約できるという事情があった。そのため、仲ノ町車庫では2両編成の整備がしやすいように、施設の改良も行われた。

銚子電鉄での運用は10（平成22）年7月に開始された。デハ2001の編成は当初、京王当

2000 series

外観

2000形のうちデハ2000形は京王電鉄以来の湘南顔をしている。京王時代は緑色単色だったが、現在は銚子電鉄カラーを“金太郎”に塗り分ける。

各社で採用された“湘南顔”の中で、当時の京王電鉄らしい大型2灯の前部標識灯。

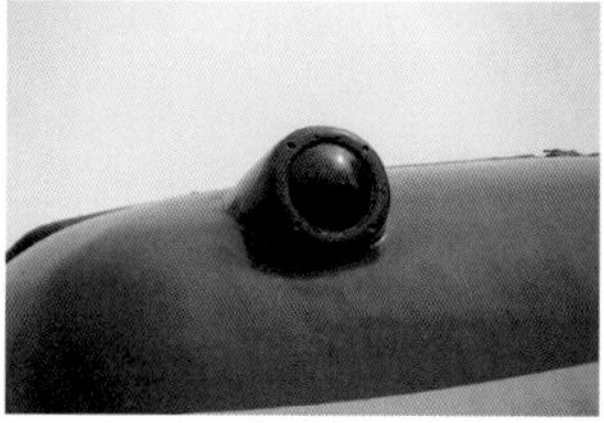

前面上部両側には京王時代と同じく、現在も後部標識灯が配されている。

腰部には現在も京王時代と同じく、白レンズの通過標識灯を装着する。

後退角のある前面に大型2枚窓を配した“湘南顔”らしい前頭部。前面窓は金属押さえである。

時と同様のライトグリーン単色に塗装されたが、17（平成29）年から翌年にかけ青のツートンに塗り替えられた。一方、デハ2002の編成は当初、アイボリーに塗装のうえ側面に広告を掲出し、その後広告を撤去のうえエンジの帯が加わって京王風になるなどの変化が続き、14（平成26）年に事故で一時運用を外れ翌年復旧した際に、銚子電鉄往年のカラーであるローズピンクとベージュのツートンが再現された。

また、伊予鉄道700系（元京王5100系）の2両編成1本も、15（平成27）年9月に銚子電鉄に搬入。ワンマン運転対応等を含む整備のうえ翌年3月に運用を開始した。京王でデハ5103+クハ5854、伊予鉄道でモハ713+クハ763だった車両で、形式を3000形としてデハ3001+クハ3501に改番のうえ、1985〜2006（昭和60〜平成18）年に「澪つくし号」として運転されたトロッコ車両ユ101のカラーをモチーフとした塗装をまとっている。

こうして現在銚子電鉄を走る営業用電車は、いずれも元は京王線を走っていたもの。前面形状が3種類あり、編成ごとに塗装も異なり、訪れる人を大いに楽しませてくれる。

赤いモケットのロングシートが並ぶデハ2001の車内。京王時代から大きな変更はないと思われる。電動車なので、床には主電動機の点検口がある。

デハ2001の乗務員室仕切り。仲ノ町工場で、運賃箱・料金表示器の設置、仕切扉の撤去などワンマン運転対応の改造を実施。さらに運賃箱の左側はバリアフリースペースとして座席が撤去された。

2000 series

客室

銚子電鉄への入線に伴い、運賃箱の設置などワンマン運転装備を搭載。さらにクハ2501は側窓の装飾や床材の変更など、レトロ調に改造されている。一方、湘南顔のデハ2001は京王時代から大きな変更は加えられていないようだ。

デハ2001の運転室後方から見た客室。ステンレス製パイプで作られたロングシートの袖仕切りなど、当時の通勤形電車らしい眺め。

客用扉は大型の片開き戸。内側はステンレス製ではなく、塗装されている点も当時の私鉄電車らしい。

銚子電気鉄道2000形

クハ2501の客室は、床を木目調に、手摺類を真ちゅう色に、窓をステンドグラス風に改装した「大正ロマン電車」。わずかな違いで雰囲気が一変する。中吊りには銚子電鉄の古写真を掲示する。

クハ2501の乗務員室仕切り付近。ワンマン設備が設置されている。妻面にはレトロ広告を掲示する。

クハ2501「大正ロマン電車」(右)とデハ2001(左)の違いが分かる連結部分。大きな貫通路が京王電車らしい。

腰掛のモケットは従来のままだが、窓や手摺類の変更でレトロ感のある内装に一変した。大正時代にはこんな快適な座席はなかっただろう。

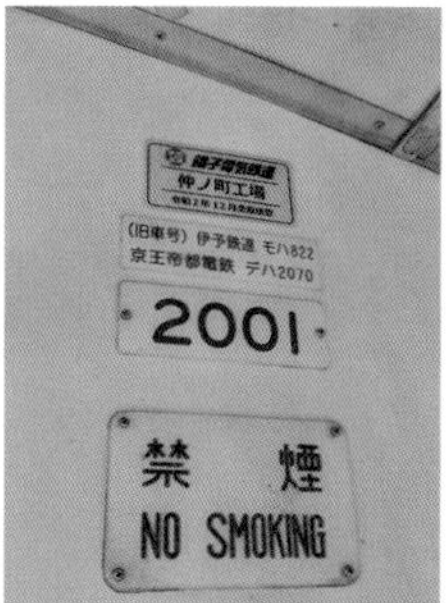

デハ2001の妻面に貼られた表記。「2001」のほかに2社の旧車号も表記。「禁煙」の書体が懐かしい。

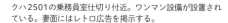

広々と開放感のあるデハ2001の運転室。大きな2枚窓の間には太い柱が通る。運用の実態に即して、タブレットや扇風機が置かれている。

助士席側から見た運転室。写真は運転席の格納式腰掛を出したところ。計器類の右側（手前側）や前面窓の上には押スイッチがずらりと並ぶ。

2000 series

運転室

2000形の運転室のうち、デハ→デハ改造で“湘南顔”の原形を維持するデハ2001を見ていく。非貫通型に大きな2枚窓を配した運転室は明るく、快適そうだ。

運転台の左側柱には、バッテリーと架線の電圧計が付く。

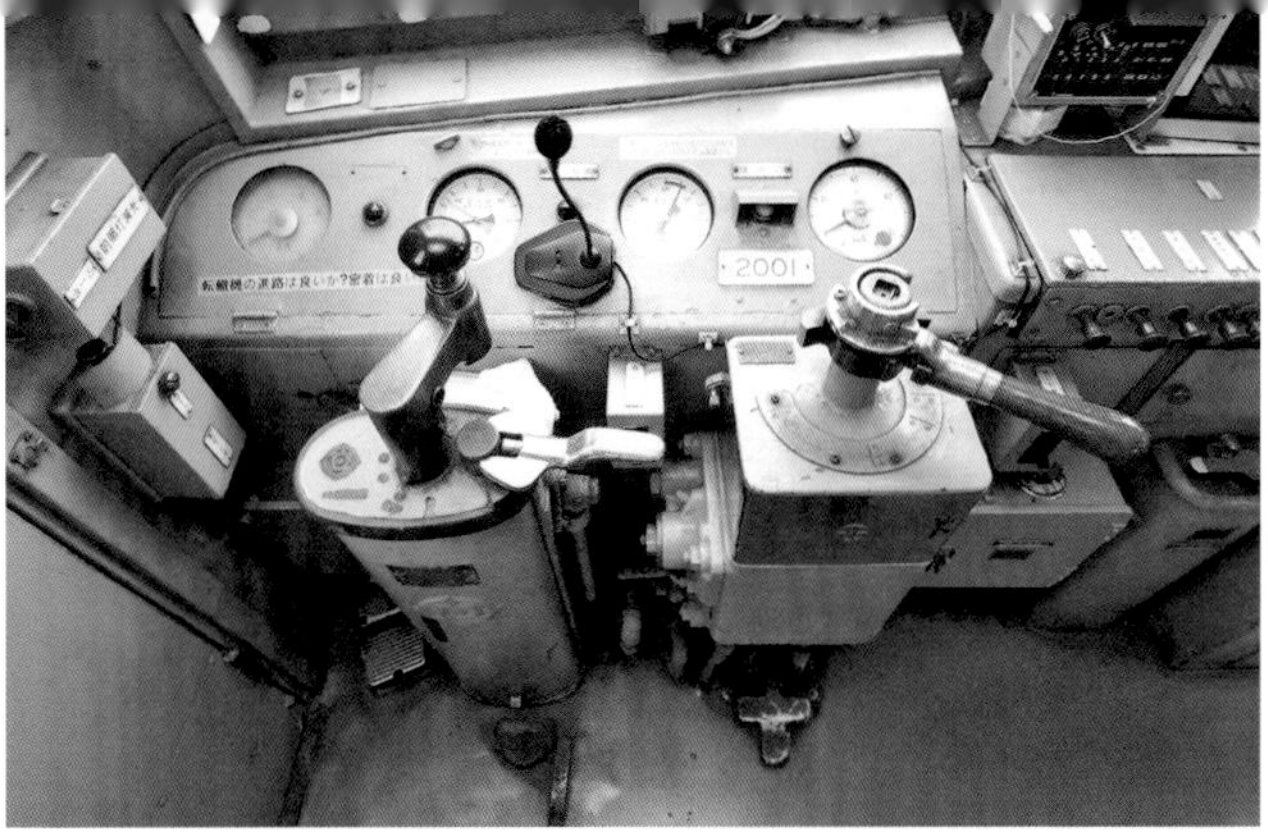

デハ2001の運転台。ワンマン運転のため、マスコンハンドルとブレーキハンドルの間にドア開閉スイッチが追加された。

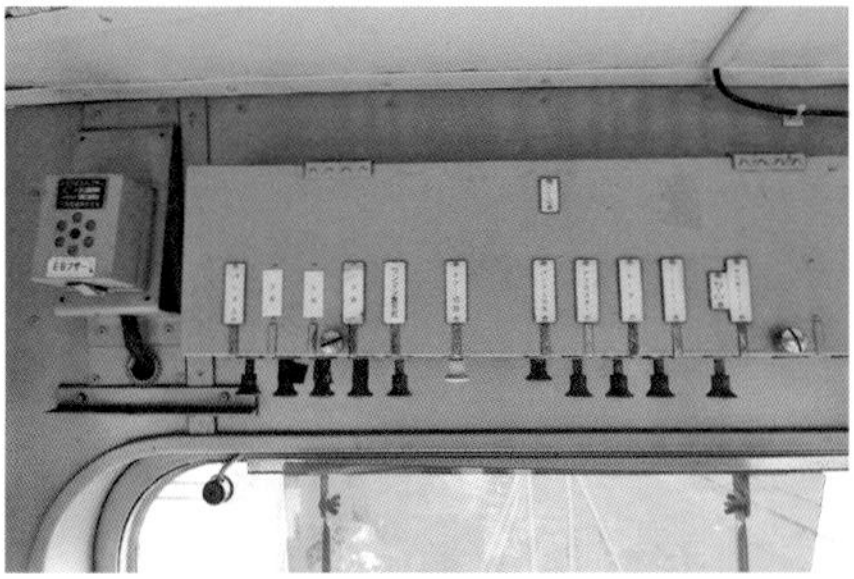

運転席側の前面窓上はデフロスターやワンマン表示灯などの押スイッチが並ぶ。

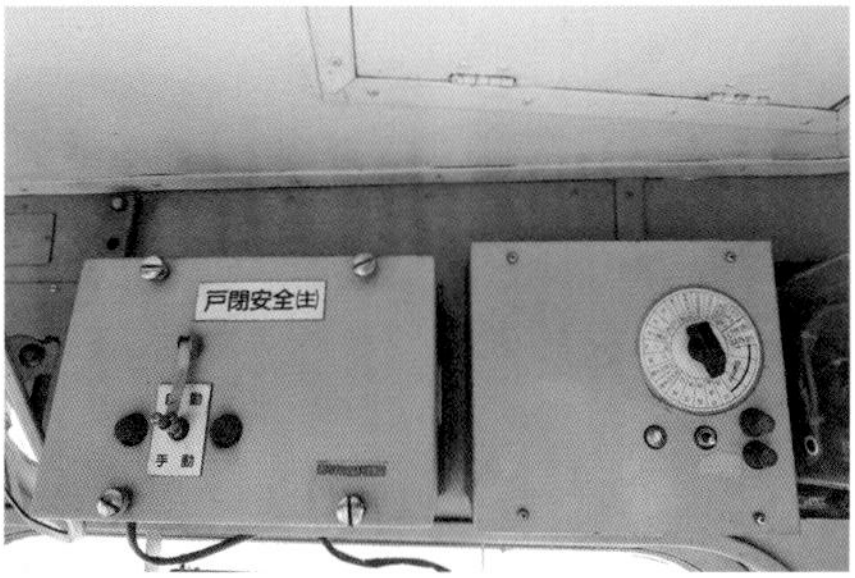

助士席側の前面窓上は行先表示器と戸閉め安全装置。

運転席から助士席側の天井を見た様子。銀色のものは空調の吹き出し口。

助士席の後方上部には冷房の操作箱と室内灯リレー、予備灯リレーが付く。

運転席の後方上部には、室内灯やワンマン電源などのスイッチが並ぶ。

助士席側の乗務員扉脇に付く車掌スイッチ。

デハ2000形の車両竣工図

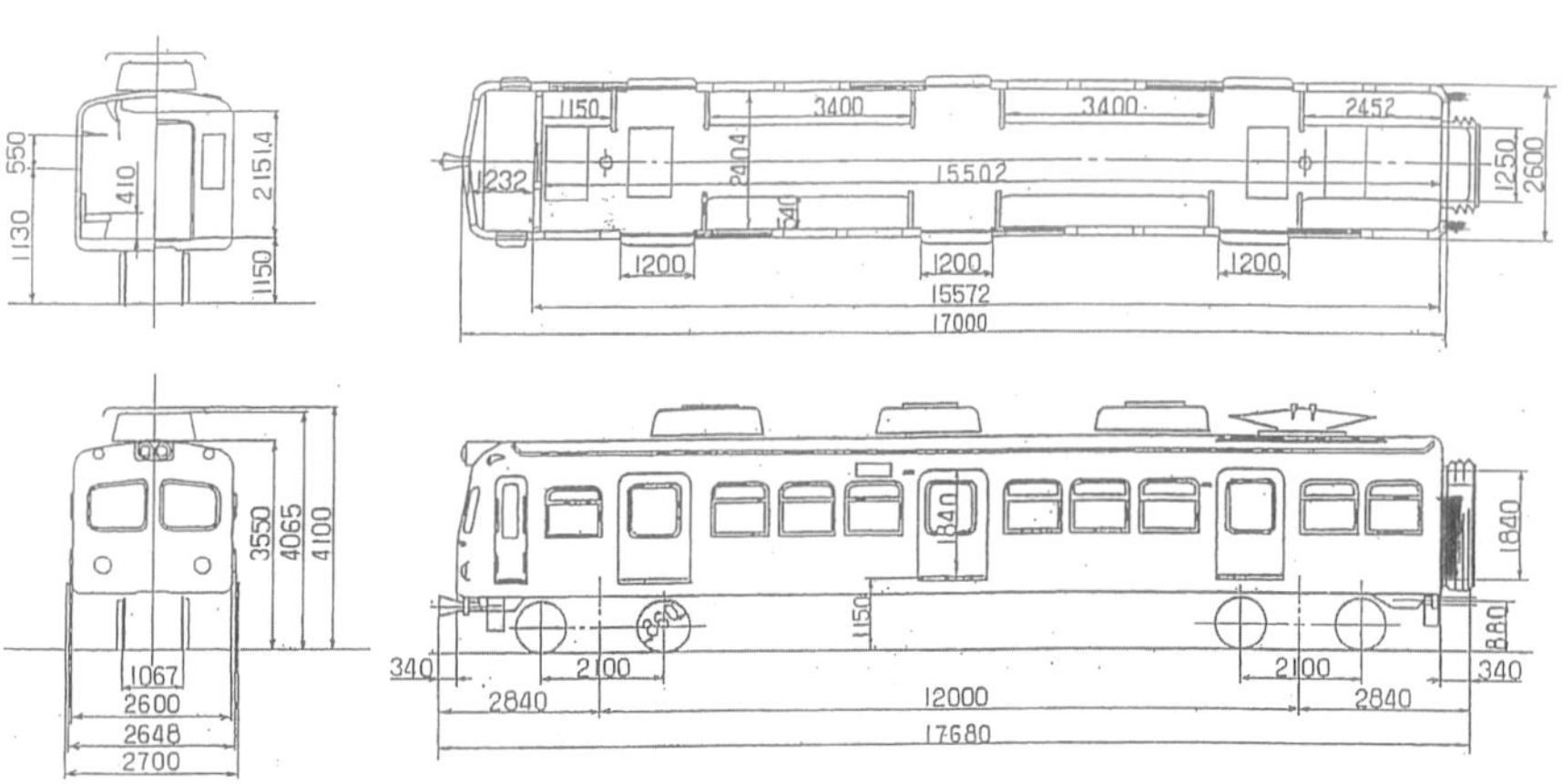

クハ2500形の車両竣工図

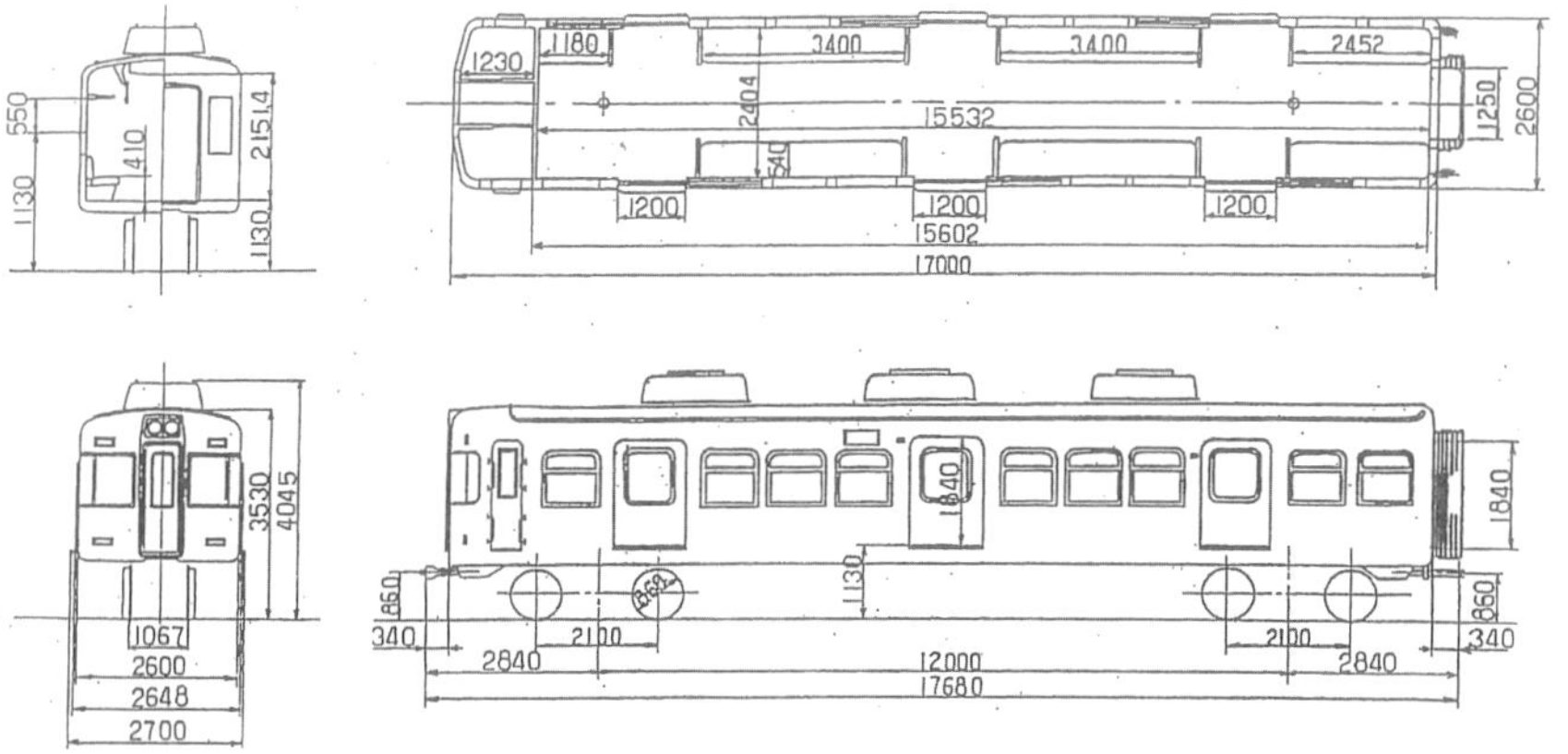

資料提供／銚子電気鉄道

2000形各車の車号

	2001編成		2002編成	
京王帝都電鉄	デハ2070	サハ2575	デハ2069	サハ2576
伊予鉄道	モハ822	サハ852→クハ852	モハ823	サハ853→クハ853
銚子電気鉄道	デハ2001	クハ2501	デハ2002	クハ2502
製造	1962年8月 日立製作所	1962年12月 日立製作所	1962年8月 日立製作所	1962年12月 日本車輛

Chapter 2

第2章 国鉄の湘南顔鉄道車両

1950年、80系電車のマイナーチェンジで湘南顔は登場した。その後の車両として70系電車、EF58形電気機関車が有名だが、ほかにも気動車や試験電車、試作ディーゼル機関車までさまざまな車両に採用され、全国に足跡を残した。

SHŌNAN-FACE 01

湘南顔電車の誕生 80系・70系

太平洋戦争後の復興期、動力分散式の電車が中・長距離列車に初めて投入された。その際にデビューした新形式は客室設備など画期的な要素が多く、印象的な前面デザインが以後の鉄道車両に広く波及することとなる。

前面窓が木枠の初期スタイルのクハ86形。湘南準急「いづ」のヘッドマークを掲げている。伊東 1956年 写真／児島眞雄

80系 1次車

落成当初のクハ86形は、従来の前面を踏襲しつつ、丸みを持たせた3枚窓だった。写真は初期の塗り分け。東京　1955年　写真／児島眞雄

サハ87形の車内。3等車なので木製のボックス席が並ぶ。写真／『車両の80年』より

鉄道史に残る名車
「湘南型」電車の誕生

明治時代に蒸気機関車が牽引する列車で鉄道が始まり、その後登場した電車はもともと都市圏のみで普及した。床下にモーターなどの動力装置がある電車は騒音や振動が大きく、中・長距離列車には向かないとされていたのである。

この考え方から脱却し、新たなコンセプトで生まれたのが80系電車である。加減速の性能が優れ、折り返しの際に機関車を付け替える必要がないという電車の長所を活かしたうえで、客車並みの室内設備を持ち長編成に対応したもので、製造開始は1950（昭和25）年。デビューの地は東海道本線の東京口で、その後各地の直流電化路線へ進出している。

80系の車体は両端にデッキがあり、構造が客車に近い。座席は、3等車（60〈昭和35〉年に2等車、69〈昭和44〉年に普通車に呼称を変更）は客室端の一部のみロングシートでそれ以外はクロスシート、2等車はゆったりしたクロスシートである。

また、従来の電車は電動車が運転台付きなのが基本だったが、80系では電動車を中間車とし

湘南顔、誕生へ

80系 1.5次車

東急車輌製造が昭和25年度に試作したクハ86021・22で初採用された湘南顔。中心に丸みがあり、鼻筋が通っていないので、1.5次車とも通称される。前面窓の支持や幕板部の塗り分けが2次車と異なる。伊東　1956年6月24日　写真／大那庸之助

たのも大きな特徴となった。これで長編成を組むことが可能になり、最長で基本10両+付属5両、さらに郵便荷物車を加えた16両編成で運転された。そして、グリーンとオレンジ（黄かん色と緑2号）の鮮やかなツートン塗装にも、強いインパクトがあった。

増備途中で斬新なデザインに変更された前面

登場時の80系の前面は、戦前製の「半流線形」と呼ばれた形状をベースにした非貫通式で窓が3枚あった。これでも当時としてはスマートだったが、より新しい印象にすべく、すぐにデザインが改められた。1950（昭和25）年下期以降の前面は面積が大きな窓を2枚、傾斜させたうえで配置し、中心の上下方向に鼻筋を通した造形になった。

80系は最初の投入先が湘南地方で、それに由来したニックネームは「湘南型」。新しい前面もいつしか「湘南顔」と呼ばれるようになった。ツートンの塗装も「湘南色」といい、上と下で曲線描く前面の塗り分けパターンは金太郎の腹掛けを連想させることから、「金太郎塗り」という呼び名もある。また、両運転台の郵便荷物

80系
1.5次車

斜めから見た1.5次車のクハ86022。前面中央部に丸みがあるのがわかる。後年の姿で、塗り分けも量産車に合わせられている。神領電車区　1970年5月16日　写真／大那庸之助

80系
300番代

1.5次車と同じような角度で見た全金車（300番代）の前面。中央に鼻筋が通り、デザインが引き締まっていることが分かる。クハ86338　東京　1974年7月10日　写真／佐藤 博

車クモユニ81形も加わり、これはパンタグラフが2基あるため、前から見た印象が独特である。

湘南顔の初期は2枚の窓ガラスを木製の枠で支持していたが、1952（昭和27）年に「Hゴム」と呼ぶ断面が「H」型のゴム材による支持に移行し、より洗練されたイメージになった。その後の増備では室内設備の改良、客室窓のアルミサッシ化、全金属製車体の採用といった改良が続き、58（昭和33）年までに総勢652両が落成した。塗装は大部分が湘南色だったが、京阪神地区で運用されたものは、当初マルーンとクリームのツートンだった。

80系によって電車が客車に代わり得る存在となり、これがわが国における電車の普及につながっている。世界に誇る新幹線も動力分散式の電車で、80系の成功がなければ実現しなかったかもしれない。それほど画期的だったのである。

3扉車にも採用された2枚窓の「湘南顔」デザイン

「湘南型」こと80系に続き、1951（昭和26）年に3等車が3ドア・セミクロスシート、2等車が2ドア・クロスシートという仕様の中距離向け新型電車、70系が横須賀線でデビュー

80系 2次車

Hゴム支持の前面窓の印象が強い関西急電用の80系だが、木枠窓も投入されていた。ぶどう3号とクリーム3号のツートンで、側面先端部の塗り分けが直線だった。写真／米原晟介

3枚窓の1次車（左）と併結する湘南顔の2次車（右）。同じ80系とは思えないほど前面形状が変わったことが分かる。 岡山 1977年8月23日　写真／佐藤 博

試験塗装のEF58形4と並ぶ、先頭部にパンタグラフがあるモユニ81形（左）。どちらも時代の最先端だった。1956年2月1日　沼津　写真／児島眞雄

80系 300番代

1957年以降の増備車は、車体に木材を使用しない全金属車になり、300番代に区分された。車体側面のシル・ヘッダーがなくなり、屋根や窓枠も変更された。東京　1974年7月10日　写真／佐藤 博

モユニ81形

80系では、1950年に郵便・荷物合造車のモユニ81形（のちクモユニ81形）が6両新製された。両側に湘南顔を持ち、旅客列車に併結されて運転された。写真は前面窓をHゴムに改造後。名古屋　1964年11月24日　写真／辻阪昭浩

70系 横須賀線

青2号とクリーム2号で塗り分けた「スカ色」をまとう。113系の青15号とクリーム1号よりも暗い色調で、後に塗り替えられた。大井町 1964年7月 写真／辻阪昭浩

した。側面の形状や室内設備は当然独自のものになっているが、前面は80系と同じ「湘南顔」を採用。塗装は「横須賀色」あるいは「スカ色」と呼ばれるブルーとクリームのツートン（初期は青2号とクリーム2号、のち青15号とクリーム1号に変更）で、この電車も各地の直流電化路線に進出した。

70系の湘南顔も当初は窓ガラスが木枠支持で、増備途中からHゴム支持へ移行した。さらにそれ以外の改良も加えられ、増備終盤に全金属車体となったのは80系と同様である。電動車はやはり中間車に設定され、一般仕様のモハ70形のほか、トンネルの天井が低く勾配が多い中央本線向けに、低屋根化してパンタグラフの位置を下げ、駆動の歯車比を大きくしたモハ71形も加わった。70系の製造終了は58（昭和33）年で、総数は282両である。

塗装は大部分が横須賀色で、京阪神地区でぶどう色2号の単色、阪和線にグリーンとベージュのツートンが見られた。また、のちに新潟地区に移ったものは、降雪時の視認性向上のため赤と黄色（赤2号と黄5号）の「新潟色」と呼ばれるツートン塗装になった。

80系も70系もやがて後継の新性能電車に追わ

70系 新潟色

雪の中での視認性を高めるため、赤2号と黄5号のオリジナル塗装を採用。「新潟色」と呼ばれる。写真は70系の全金属車。長岡　1978年3月28日　写真／松尾よしたか

70系 京阪神緩行線

京阪神地区の東海道本線の緩行線で使用された70系。ツートンカラーの多い70系では珍しいぶどう色2号単色をまとった。写真／米原晟介

れて多数が地方線区に移り、あわせて「ロ」から「ハ」への格下げや、付随車の先頭化改造が行われた。改造先頭車の前面は湘南顔ではなく、平面に窓部分だけ傾斜した、１０３系のような造形になっている。80系は飯田線、70系は福塩線が最後の活躍の場となり、前者では83（昭和58）年、後者では81（昭和56）年に引退した。

80系電車で登場した「湘南顔」を続いて採用したのは、開発中の気動車であった。気動車の特性から主力の顔にはなれず、製造両数は少なかったが、多くは荷物車に改造されて晩年まで湘南顔で走り続けた。

気動車に広がった湘南顔

キハユニ16形

電気式気動車のキハ44100形を液体式のキハユニ16形に改造。側窓は種車のバス窓が使われている。続くキハ58系の急行と比べ、車体が小さいのが分かる。写真／辻阪昭浩

戦後に本格的な開発が始まった気動車

蒸気機関車牽引の客車列車に代わって非電化路線の旅客輸送の主役となる気動車は、わが国では太平洋戦争後に本格的な開発が始まった。その初期には駆動方式が検討され、まずディーゼル機関で発電機を駆動し、電動機（モーター）で走行する電気式のキハ44000形、試作車4両が1952（昭和27）年に落成した。

この試作気動車の車体は80系をやや小柄にしたようなデザインで3ドアとなり、前面は湘南顔である。80系や70系の前面窓ガラスがHゴム支持に移行した時期の落成で、こちらは最初からHゴム支持だった。翌53年にはキハ44000形が、改良仕様で11両落成した。側面の窓は2段化のうえ、上段のガラスをHゴム支持とした通称「バス窓」となった。

そして、2ドアにしたキハ41000形10両と、その中間車キハ41200形5両も同年に落成した。さらに、もうひとつの駆動方式、液体式の気動車キハ44500形がやはり同年に5両落成。車体はキハ44000形の改良仕様に準じている。これらの気動車はまだ試作段階

キハ44000形

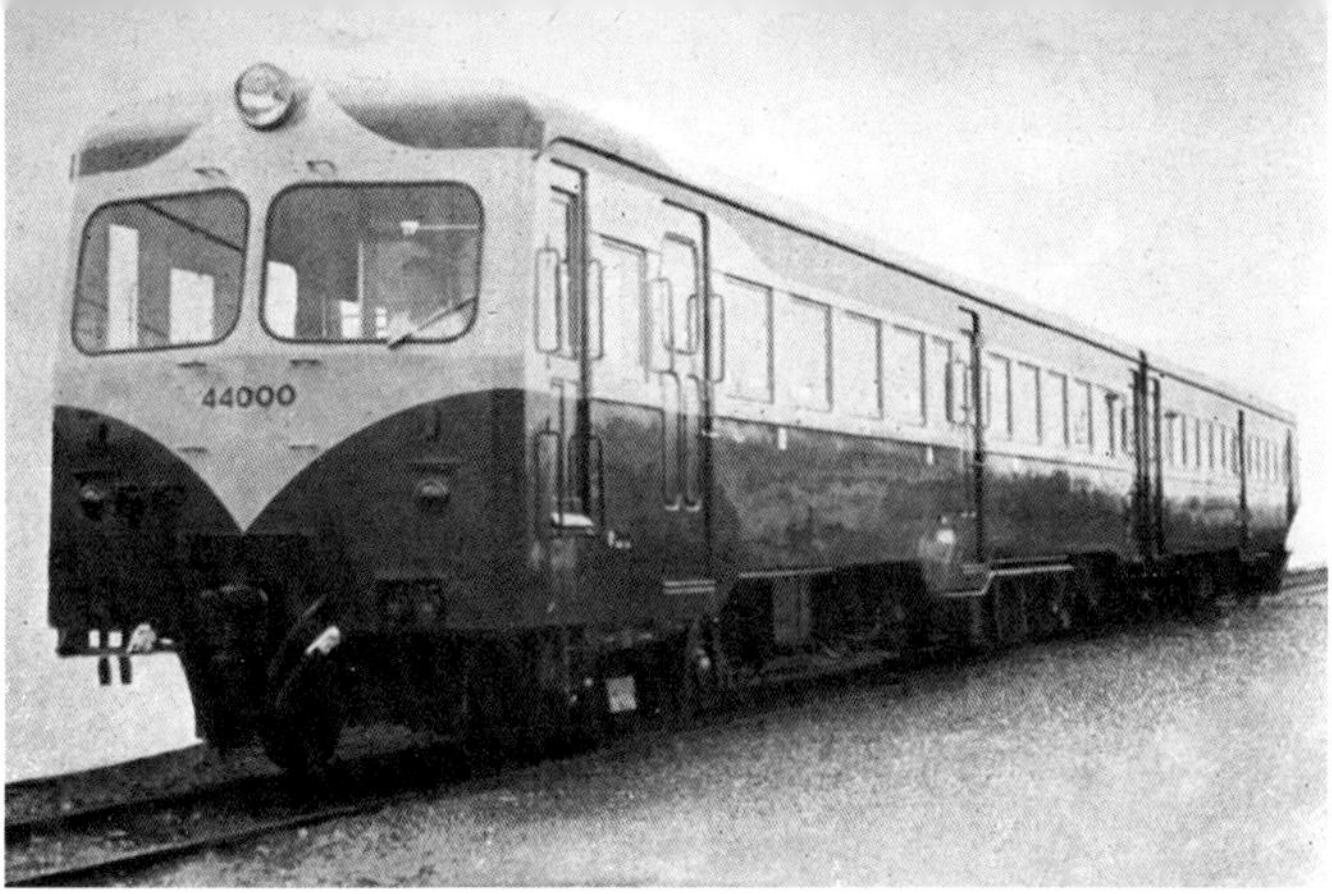

電気式気動車の試作車として4両が製造されたキハ44000形。前面の裾は客用扉のステップの高さまで下げられ、そこから連結器やジャンパ連結器が出ている。写真／『車両の80年』より

キハユニ15形

キハ44000形は1957年から液体式のキハユニ15形に改造された。窓は1段上昇式でウィンドウシル・ヘッダーがある。4両の試作車のうち、1・3は前面の裾が短くなった。1963年12月　写真／辻阪昭浩

で、製造は少数にとどまった。

改造のうえ生き延びた初期の気動車

その後、気動車の本格量産では液体式が採用された。また、電車と違い気動車は分割・併合しながらフレキシブルに運用することから前面は貫通式が主流になった。

湘南顔で誕生した初期の気動車各形式は、のちに電気式のものは機器類が液体式のものに換装され、全車が「キハユニ」「キユニ」「キニ」のいずれかに改造された。また、湘南顔の前面はそのまま維持されたものと、貫通式に改造されたものがある。中間車のキハ44200形からの改造では、片側を切妻の貫通式前面として運転台が設置された。

戦後の国鉄では、電車方式も気動車方式も本格的な普及のきっかけとなった形式が湘南顔であったわけで、このデザインの影響力の強さがうかがわれる。

SHŌNAN-FACE 03

「湘南顔」のもう一つの肖像 EF58形

80系を元祖とする「湘南顔」は電車、気動車に続いて電気機関車にも波及した。それは旅客用のEF58形で、スマートな外観スタイルが魅力であるだけでなく、特急牽引をはじめとした華々しい活躍により、人々の記憶に強く残る名車となった。

国鉄・JRでは最後まで在籍した「湘南顔」となったEF58形61号機。水上　2006年9月16日　写真／高橋誠一

35号機は最初に車体更新されたEF58形のひとつ。元の車体を改めたため、側面の窓が2枚多い。写真は大窓・ツララ切り付き、ぶどう色の比較的初期の姿。写真／米原晟介

プレーンな姿をした1960年前後のEF58形67号機。写真は大窓・ツララ切りなし、ぶどう色。東京　写真／米原晟介

戦後復興期、大型デッキのある質素な仕様で登場

太平洋戦争後、輸送力増強と近代化のため、国鉄では幹線の電化を進めることになった。そして、旅客用のEF58形と貨物用のEF15形、2形式の電気機関車が、可能な限り設計を共通化のうえ誕生した。

車体は共通の箱型スタイルで、2形式の外観の違いが目立つのは両端の先台車とデッキの形状のみである。EF58形は高速走行時の安定性を重視して先台車が2軸でデッキが長く、EF15形は先台車が1軸でデッキが短い。製造開始はそれぞれ1946（昭和21）年と47（昭和22）年で、当時はまだ終戦後の混乱が続いていたので、資材を節約した質素な仕様だった。

車体形状を変更してイメージを一新

EF58形は1948（昭和23）年までに1～31号機が落成したところで一旦増備が中断され、再開は51（昭和26）年となる。その際、大がかりな改良があった。機能面では客車の暖房用に蒸気発生装置を搭載した。これは重油を燃料と

特急「つばめ」の上り一番列車を牽引した89号機。写真は青大将色と呼ばれる淡緑色で、小窓・ツララ切りなし。本機は現在、鉄道博物館に保存されている。大阪　1957年　写真／辻阪昭浩

20系客車に合わせた青色をまとう116号機。ブルートレイン色の元祖といえる。前面は小窓・ツララ切りなし。品川　写真／辻阪昭浩

したボイラーで、スペース確保のため車体の大型化が必要になる。そこでデッキを廃止のうえ、車体はＥＦ15形との共通から脱却し、前後が拡大された。前面には傾斜した2枚の窓があり、中央に縦の鼻筋が通った造形になった。

80系と比べると窓が小さいが、まさしく湘南顔である。そして、前後の端の方で車体幅を絞ったので、スピード感がある流線形デザインになった。塗装は「金太郎塗り」ではないが、それを思わせる、曲線を描くステンレス製の飾り帯が付加された。

増備を中断している間、メーカーではその後の受注を見越し、32〜36号機の製造を進めていた。そのうち32〜34号機はデッキ付きのスタイルでほぼ完成していたため、駆動の歯車比を変更のうえ、貨物用のＥＦ18形として落成した。番号は32〜34号機のままで、この3両のみという異端形式になった。

そして35・36号機は製造途中だった箱型車体の両端を新設計のものに改めたうえで、蒸気発生装置搭載で湘南顔という仕様になって52（昭和27）年に落成した。この2両の車体は生い立ちに起因し、側面の窓配置が独特である。

37号機以降ははじめから新しい仕様で造られ、

EF58形 29号機

1960年代後半から、新性能直流電気機関車と同じ青15号＋クリーム1号が採用された。写真の29号機は大窓・Hゴムなし・ツララ切りの仕様。東京　1979年4月5日　写真／松尾よしたか

EF58形 61号機

60・61号機はお召列車牽引機として特別な装備と装飾が施された。61号機は引退までHゴムのない大窓の美しい姿を維持した。東京機関区　1978年10月15日　写真／松尾よしたか

ぶどう色の9号機（左）とブルートレイン色の148号機。製造メーカーによって前面の額の角度が異なるのが分かる。前面はどちらも小窓・ツララ切りなし。9号機はナンバーの切り抜き文字がずれていた。東京機関区　1963年　写真／辻阪昭浩

1950年代の61号機は、大窓に水切りが付いていない原形ともいえる姿だった。営業列車も時々牽引していて、この日は臨時特急「さくら」の先頭に立つ。大阪　1957年　写真／辻阪昭浩

増備は58（昭和33）年まで続いた。ラストナンバーは175号機だが、32〜34号機がEF18形になって欠番なので、EF58形の総数は172両である。また、1〜31号機も車体を湘南顔の新しいものに載せ替えて蒸気発生装置を追加する改造を受け、37号機以降に準じた仕様になった。

本家80系電車よりも多彩な湘南顔のバリエーション

EF58形は東海道・山陽本線や上越線など、直流電化の多くの路線に進出し、数多くの特急や急行を牽引したほか、普通列車や荷物列車を含め幅広い運用を受け持った。また、一部はのちに電気暖房装置搭載の客車に対応し、蒸気発生装置に代えて電源装置が搭載された。

湘南顔になったEF58形の塗装は、当初ぶどう色2号の単色で、複数の試験塗装車が出現したのち、「青大将」と呼ばれる特急「つばめ」「はと」用や、20系客車に合わせたブルートレイン用のカラーリングが見られた。1960年代後半からは、青を基調に前面腰部をクリーム色にした塗装が標準色となり、お召列車用として製造された60・61号機以外の全車にこれが採用さ

61号機とともにお召列車牽引機として落成した60号機。前面は大窓だが、後に小窓・Hゴム付きに改造された。側面のルーバーはすでに変更されている。富士　1976年5月16日　写真／辻阪昭浩

荷物車に供給する蒸気暖房発生装置（SG）の蒸気を上げて走る25号機。小窓はHゴム支持に変更され、ゴム色は白。品川　1979年2月19日　写真／松尾よしたか

1970年代になると、塗装は青15号＋クリーム1号だが、形状に細かな違いが生じてきた。写真の108号機は小窓だが、運転席側のワイパーが変更されている。五反田　1978年11月3日　写真／松尾よしたか

れた。
外観を印象づける湘南顔の前面には、さまざまなバリエーションがある。まず、前面の上部、額にあたる部分の曲面が製造メーカーによって微妙に異なる。2枚の窓は当初上下寸法が大きく、これを「大窓」と呼ぶ。1954（昭和29）年に設計変更があり、前面窓は下辺の位置が高い「小窓」と呼ぶ形状に移行した。そして、増備末期は小窓相当の寸法で窓ガラスがHゴム支持になった。以上3種類の前面窓形状があるのだが、「大窓」と「小窓」は後年の改造によりHゴム支持になった例も多い。
また、当初は窓の上に付加物がなかったが、その後、雨水がガラスに垂れるのを防ぐ「水切り」が標準的な装備として追加された。そして、寒冷地で使用するものはトンネルの天井から下がったツララによるガラス破損の対策で、「ツララ切り」と呼ぶヒサシ状のものを備えた。さらに、広島工場独特の装備として、左右の前面窓の上に一体の大きなヒサシを追加した例も見られた。このほか、前照灯やパンタグラフなど、所属区でさまざまな改造が施され、バリエーションがさらに増していった。
1970年代以降、EF58形は鉄道趣味界で

臨時特急「踊り子」を牽引する12号機。小窓・黒Hゴムの、1980年代の標準的な姿。保土ケ谷～戸塚間　1984年1月7日　写真／松尾よしたか

小窓・黒Hゴム・ツララ切り・スノープラウ・ホイッスルカバー付きの姿は「上越型」ともいわれる。土樽～越後中里間　1982年2月11日　写真／松尾よしたか

広島機関区所属機は、特に改造箇所が多かった。写真は小窓・白Hゴム・一体ツララ切りで、パンタグラフも下枠交差型に変更されている。真鶴付近　1982年8月　写真／児島眞雄

重連で荷物列車（荷35レ）を牽引する126号機。Hゴムのない小窓は「原形小窓」と呼ばれてファンに人気だった。品川　1978年9月10日　写真／松尾よしたか

注目され、多くの人が写真撮影をした。その際、前面窓形状の違いで好みが分かれ、大窓は特に人気が高かった。湘南顔の元祖が80系電車なのに対し、バリエーションの豊富さが突出しているのはEF58形である。

この形式は国鉄分割民営化後も一部が臨時列車用に残ったが、2009（平成21）年が最後の稼働となり、すでに全車が引退している。

極小旅客車、レールバスも湘南顔

当時、最先端のデザインだった「湘南顔」は、ローカル線向けの新しい試みだったレールバスにも採用された。長編成を組む80系やEF58形とはコンセプトを完全に異にする車両だが、不思議と似合っていた。

キハ03形

1964年当時、日本一の赤字線で有名だった根北線を走っていたキハ03形。車体が小さく、通常の湘南顔よりも平べったい。
越川　1964年8月5日　写真／辻阪昭浩

バスの要素を採り入れたローカル線向け小型気動車

戦後に本格的な開発が始まった気動車は、湘南顔の試作形式を経て量産が軌道に乗り、非電化路線の近代化が加速された。そして、輸送量が少ない地方のローカル線向けに、小型で経済的な気動車を導入することになった。

1950（昭和25）年からドイツで普及していた、類似したコンセプトの気動車を参考にし、54（昭和29）年にキハ10000形が4両試作された。走行用のディーゼル機関はバス用で、出力は60PSと、当時の一般の気動車の160PSを大きく下回る。そして、やはりバス用の機械式変速機（マニュアル・トランスミッション）を搭載し、車輪はシンプルな2軸である。車体は約10mで、出入口の折戸などにもバスのコンポーネンツが使われた。

こうした生い立ちであることから、その後登場する改良仕様を含め「レールバス」と呼ばれる。キハ10000形は55（昭和30）年に量産に移行し、一次車8両と二次車17両が落成した。二次車は出力が75PSになっている。

キハ02形

木次線ではキハ02形が走っていた。80系電車やEF58形と同じ前面を与えた決断力はなかなかのもの。出雲横田　1963年8月28日　写真／辻阪昭浩

キハ03形は酷寒地仕様で、スノープラウ、ホイッスルカバー、機関覆いなどが装備されている。倶知安機関区　1964年8月1日　写真／辻阪昭浩

地方ローカル線に現れた都市部で人気の湘南顔

キハ10000形の前面は上半分が傾斜し、試作車と量産一次車は中央に大きな窓、左右それぞれに小さな窓があった。これは、運転台が中央にあるのに対応したものである。そして、量産二次車は運転台が進行方向左側に移り、前面窓は左右の2枚となり、湘南顔が出来上がった。また、出入口は量産一次車まで両端にあったが、量産二次車は中央の1カ所である。そして、1956（昭和31）年に北海道向けに耐寒耐雪仕様にしたキハ10200形が20両落成し、この形式にも湘南顔が踏襲された。

57（昭和32）年の形式称号変更により、キハ10000形の試作車と量産一次車がキハ01形、同量産二次車がキハ02形、キハ10200形がキハ03形と改番され、キハ02形とキハ03形が湘南顔である。総勢49両が製造されたレールバスだが、機関出力が小さいなどの理由から普及には至らず、さらなる増備がないまま68（昭和43）までにすべて引退した。

湘南顔は試作ディーゼル機関車へ

機関車ではEF58形が初めて湘南顔を採り入れたが、さらにディーゼル機関車でも採用された。1950年代は、海外メーカーと提携して各社が試作していた時代。湘南顔をアレンジした前面を取り付けた試作車も現れた。

DD50形

北陸本線の客車列車を牽引する片運転台の電気式ディーゼル機関車、DD50形。1〜3号機はスカートまで一体になった丸みのある前面が特徴。1962年7月　写真／高島 康

日本初の本線用ディーゼル機関車は湘南顔でデビュー

湘南顔の前面デザインはディーゼル機関車にも波及した。その第一弾となったのは、1953（昭和28）年に登場したDD50形である。本形式は、まだディーゼルエンジンの国産技術が確立していない時期に、新三菱重工業（当時の社名、以下社名は同様）がスイスのスルザー社と技術提携のうえ製造した機関を搭載し、駆動方式は電気式を採用した。

わが国初の本線用ディーゼル機関車でもあり、片側運転台というユニークな車体構造が特徴となった。前面は上約半分が傾斜し面積の大きな窓が2枚並んだ、湘南顔のデザインである。

DD50形には53（昭和28）年製の一次型と、55（昭和30）年製の二次型が各3両あり、両者で湘南顔の造形が異なる。また、片運転台なので2両を背中合わせにした重連で運用するのが基本だった。北陸本線の山越え区間で活躍し、最後は同線米原〜田村間で直流／交流連絡の役割を担い、75（昭和50）年に引退した。

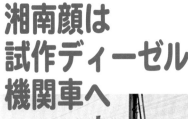

日立製作所が1956年に試作したDF90形電気式ディーゼル機関車。写真は赤色とクリーム色の登場時の塗装。上野　写真／児島眞雄

ぶどう色2号だったDD50形は、後にディーゼル機関車色に変更された。4〜6号機は直線的なデザインになり、スカートも別部品化された。米原　1973年9月4日　写真／佐藤 博

DF90形

派手なカラーで登場したDF90形だが、国鉄線に入ってからぶどう色に塗装変更された。常磐線の旅客列車を牽引する。鶯谷　1961年11月20日　写真／高島 康

多彩なメーカー試作形式も湘南顔で登場

DD50形登場後、本線用ディーゼル機関車の技術開発が続き、メーカーが試作したものを国鉄が借り入れるケースがあった。該当するものは10形式に及び、いずれも1両のみ存在した。それぞれ性能も車体形状も異なるが、うち5形式は箱型車体で前面が湘南顔の流れを汲んだデザインだった。以下のようなラインナップである。

DF90形　1953（昭和28）年日立製作所製で、MAN社との提携による機関を搭載した電気式である。国鉄が57（昭和32）年から借り入れ、61（昭和36）年に購入した。

DF40形　川崎車輌と川崎重工業が製造し、西ドイツのMAN社との技術提携による機関を搭載した電気式である。前面窓は凹んだ位置にあり、細いピラーを挟んで2枚が連続している。55（昭和30）年落成で、国鉄が翌々年から借り入れた。58（昭和33）年に国鉄が購入してDF91形となり、前面が貫通式に改造された。

DD91形

山陰本線で営業列車に試用されるDD91形。付随台車が1軸ある5軸の大型機で、後のDD54形につながる。ぶどう色の車両や黒い貨車が一般的な時代に目立つ存在だった。福知山　1962年10月5日　写真／辻阪昭浩

DF41形

アジア鉄道首脳者懇親会で展示されたDF41形。車体は白色で、銀色と赤色の帯を巻いていた。大井工場　1958年5月　写真／辻阪昭浩

DF41形　汽車会社が59（昭和34）年に製造し、三井造船がデンマークのバーマイスター社と提携のうえ製造した機関を搭載した電気式。同年に国鉄が借り入れたのち、DF92形に改番。その後は購入には至らず、62（昭和37）年に返却された。前面窓はDF40形のように凹んだ位置にあるが、2枚がやや離れている。また、前面の中央下に小さな扉を設けてある。

DF93形　60（昭和35）年に日立製作所で落成。液体式で、MAN社との提携による機関を搭載。62（昭和37）年に国鉄が借り入れたが、購入せず翌々年に返却された。

DD91形　新三菱重工業が62（昭和37）年に製造し、西ドイツ・マイバッハ社製の機関と変速機を搭載した液体式。同年に国鉄が借り入れ、65（昭和40）年に返却された。

最高速度を記録した試験車

湘南顔をした国鉄の電車の中で、格別ユニークな存在だったのがクモヤ93形である。狭軌最高速度記録で有名だが、本来の役割は架線を検査する事業用車である。

クモヤ93形

武蔵野東線の開業前の検測を終え、山手貨物線を田町電車区へ回送されるクモヤ93000。腰部の大きな前灯が特徴。恵比寿 1978年7月26日　写真／松尾よしたか

両側に湘南顔を付けた検測車 151系を上回る速度記録を残す

クモヤ93形は営業運転には使用しない、事業用と分類されるもので、1958（昭和33）年に1両のみが落成した。主たる用途は走行しながら電化路線の架線の状態をチェックすることで、架線試験車と呼ばれている。戦前製のモハ51形電車からの改造で誕生したが、種車から流用したのは台枠などごく一部で、車体、台車、大部分の機器は新規に製作された。

架線関係の検査・測定に対応して屋根が低いため車体のプロポーションは特殊で、前照灯が腰部の左右にあるが、前面の基本的な造形は80系や70系と同様の湘南顔である。また、走行関係のメカニズムは高速走行にも対応し、架線関係の試験のほか、高速試験にも起用された。60（昭和35）年には静岡県内の東海道本線で実施された試験で、時速175㎞という当時の狭軌鉄道車両世界最高速度記録を樹立した。これは、「こだま型」と呼ばれた特急形電車151系の速度記録、時速163㎞を大きく上回る。

クモヤ93形は当初より田町電車区に配置され、80（昭和55）年に引退した。

湘南顔に含むか否か議論のある157系。前面は中央を境に後退角があり、窓部分は後退角と傾斜がある。しかし国鉄特急色風の塗装とパノラミックウィンドウで、湘南顔よりも次の時代を感じさせる。写真／辻阪昭浩

COLUMN

湘南顔はどこまで含む……!?

プロローグにも書いたが、湘南顔の定義は難しい。明らかに湘南顔といえるのは、

・前面中央に鼻筋が通り後退角がある
・上が内側に傾斜し、窓が2枚ある

という、80系2次車以降のスタイルである。そのため、第2章で国鉄の湘南顔として取り上げているものの、試作機のDF90形は後退角がなく、DF41形は緩やかな後退角があるものの、前面窓は湘南顔よりもEH10形に近い印象だ。

そして、よく議論の俎上にのぼるのが、前面は平坦だが窓が上側に傾斜したEH10形のようなスタイルだ。あるいは鼻筋が通って後退角があり、前面窓も傾斜しているが端部がパノラミックウィンドウになった157系である。後者のスタイルは、派生型としてEF60形やEF65形などの非貫通型電気機関車もある。

パノラミックウィンドウは、80系電車の後継となる153系の外観を決める要素で、その後の急行形・近郊形電車に広く採用された。デザインとしては、湘南顔よりも次の世代を感じさせるため、本書ではこの類いは湘南顔には含まなかった。一方で、2枚窓であれば湘南顔に含むか悩ましくても、湘南顔の影響を受けたことは明らかなので、含むことにした。

第3章 大手私鉄の湘南顔鉄道車両

Chapter 3

湘南顔が興味深いのは、このデザインが国鉄にとどまらず、多くの大手私鉄に波及していったところだ。2枚窓の前面デザインは、各社なりにアレンジが加えられ、さまざまな形状が誕生。西武鉄道と京王帝都電鉄では主流の顔となった。

西武鉄道

西武鉄道は、1954年に投入した351系から1983年に登場した3000系まで、約30年にわたって湘南顔の電車を投入し、現在も新101系が活躍を続けている鉄道事業者である。また、西武グループの伊豆箱根鉄道、近江鉄道をはじめ、関東圏を中心に多くの地方私鉄に譲渡された。

SEIBU

501系 → 351系

西武鉄道初の湘南顔電車となった501系→351系。先頭車は17m、中間車は20m車となった。写真の頃は501系を名乗っていた。東伏見付近　1956年　写真／児島眞雄

351系・501系
西武「湘南顔」の元祖

戦後の復興期、西武鉄道では国鉄から譲り受けた戦災車や木造車の復旧や鋼体化を主体とした増備が続き、従来からの17m級に加え20m級の電車も出現した。こうして国鉄をルーツとした電車が幅を利かせる中、1954（昭和29）年に西武オリジナルの501系（初代、以下特記以外同）が登場した。この電車は17m級の電動制御車と20m級の付随車が編成を組むという、車体大型化の過程ならではのユニークなものである。台車、主電動機、制御器など走行用機器は既存の電車並みの旧型だったが、車体は窓の上下にシル・ヘッダーがない近代的なものになった。そして前面は、傾斜した大きな2枚の窓や周囲の曲面、中央の鼻筋を含む造形で、まさしく「湘南顔」である。

57（昭和32）年の増備から電動制御車も20m級になり、戦後の西武電車の基本スタイルが確立した。なお、17m級、20m級ともに側面に片開きドアを3枚備える。初期の編成は電動制御車を20m級の追加増備車に差し替え。追い出された17m級車は411系、351系と改番され、

SEIBU
501系

20m車で統一された後の501系。前面の形状はほぼ同じだが、塗り分けが独自のものに変更された。写真／辻阪昭浩

SEIBU
551系

501系の改良型、551系。前面窓が大型化されて新たな西武流の湘南顔になった。東村山　1984年1月　写真／佐藤 博

既存の付随車や制御車と編成を組んだ。

塗装は501系として新製時はオレンジ色と茶色のツートンで、351系になってからローズピンクとベージュのツートンの「赤電」色に改められた。末期は17m級が重宝され、ホーム長による制約で20m級が入線できない多摩湖線国分寺～萩山間を主体に運用され、90（平成2）年に引退した。なお、20m級の電動制御車と付随車は改番されずに501系としての活躍を続けたが、80（昭和55）年に役目を終えた。

551系
洗練された湘南顔と両開きドア

501系のあと、西武鉄道の電車は前面が切妻の451系と411系が続いたが、1961（昭和36）年登場の551系で湘南顔に回帰した。ただし、80系にそっくりな造形から脱却し、鼻筋の位置の細いピラーを挟んで左右の窓が連続した、西武流ともいえる湘南顔が出来上がった。この顔は長く踏襲されていく。

551系は451系や411系の要素も踏襲し、側面では両開き3ドアや2組ずつまとめられた窓が目立つ。塗装は新製時から「赤電」カラーである。車体外観が一段と近代的な551

SEIBU
601系

外観は551系によく似ているが、西武初のカルダン駆動で走り装置は一新された。中井　1976年2月20日　写真／佐藤 博

系だが、走行関係の機器は相変わらず旧型だった。後年一部は台車が空気バネ付きの新しいものに換装され、末期は551系の制御電動車と他系列の制御車による2両編成が多摩川線の運用に就き、88（昭和63）年に引退した。

601系
西武初のカルダン駆動車

1963（昭和38）年登場の601系は、車体は551系に準じているが、ついにカルダン式駆動が採用された。551系まではスマートな車体と豪快な吊掛式の走行音がアンバランスだったが、それが解消した。また、電動車を中間車にしたのも551系までと異なる。いわゆる「新性能電車」の仲間となったが、制御車の台車は元国鉄の戦前製電車に由来したTR11A形を流用して製造コストを抑え、この部分だけは古典的だった。70年代後半から他系列への改造や廃車があり、81（昭和56）年に消滅した。

701系
湘南顔がマイナーチェンジ

1963（昭和38）年末に西武鉄道の次なる新型車、701系が登場した。走行関係の仕様は601系から大きな変化がなく、制御車の台車も旧型のTR11A形のままである。しかし、前面のデザインが進化し、印象が大きく変わった。まず、上部の中央に大型の行先表示器を設け、前灯は上部中央の1灯から左右腰部の2灯に改められた。また、尾灯と標識灯を一体のケースにまとめたものが、上部の左右にある。そして左右の腰部に側面へ回り込むステンレス製の装飾を追加し、これが銀色に輝く。前面腰部で従来の塗装にあったV形の意匠はステンレス製の装飾が引き継ぎ、塗り分けのラインが水平になった。側面窓にも変化があり、601系までの2組ずつまとめたものから、1組ずつ独立したものに改められた。

増備は67（昭和42）年まで続き、後期車は車体幅が若干狭く前灯が小型のシールドビームになった。後年には制御車の台車を空気バネ式に換装、冷房化などの改造が行われた。もともとは4両編成だったが、冷房化とあわせ6両化された編成もある。その際2両ずつ追加する中間電動車は、601系からの改造編入車と、701系の別の編成から抜いたものが充てられた。

中間電動車が抜かれて余剰となった701系の制御車は6両あり、101系と同等の機器を

SEIBU

701系

カルダン駆動に旧式のイコライザー式台車が特徴の701系。前面デザインが変更されて近代的になった。所沢　1975年7月31日　写真／佐藤 博

SEIBU

801系

701系の改良型。屋根が張り上げられて雨樋の位置も高くなった。写真は客用扉がステンレス無塗装に交換された後の姿。西武新宿　1974年8月12日　写真／佐藤 博

搭載、冷房化のうえ電動制御車同士の2両編成3本を組成し、2代目の501系となった。701系は97（平成9）年にすべて引退した。

801系
近代的な外観が完成

1967（昭和42）年から翌年にかけて801系が製造された。性能や車体の基本仕様は701系に準じているが、いくつか新たな要素が見られた。まず、屋根両肩の雨樋の位置が上がって埋め込まれた構造になった。横から見てよりスマートなのだが、これには自動洗車装置で車体を洗いやすいメリットがある。また、制御車も晴れて空気バネ式の新型台車を装着のうえ落成。これで「旧型」の部位がなくなった。「赤電」カラーの湘南顔電車で最後の新製となり、冷房化などの改造を経て97（平成9）年にすべて引退した。

101系・新101系
新塗装で鮮烈デビュー

1969（昭和44）年に登場した101系は、801系に準じた車体ながら画期的な内容になった。外観では「赤電」カラーと決別し、イエ

SEIBU

101系

西武秩父線用に抑速ブレーキ、応荷重装置などを採用。車体色は登場時からレモンイエローが基調。池袋～椎名町間　1976年4月13日　写真／佐藤 博

SEIBU

新101系

551系以来、横長の2枚窓となった西武の湘南顔は、新101系で1枚ずつに独立し、さらに1980年前後に流行したブラックアウト部を取り込んだデザインとなった。写真／PIXTA

ローを基調に窓まわりをベージュとした新塗装が採用されたことが目立つ。あわせて側面のドアがステンレス磨き出しとなり、デビュー時のインパクトは極めて大きかった。この新塗装はのちに、既存の形式にも機器換装などの改造をしたものを主体に波及していく。主電動機の出力向上、新しい制御装置や制動装置の採用、さらに西武秩父線の急勾配に対応して発電ブレーキ追加など、走行性能も大きく向上した。当初は非冷房の4両編成で増備が進んだが、72（昭和47）年以降に冷房車の新製および非冷房車の冷房化改造が行われ、6両編成も加わった。

　増備は76（昭和51）年に中断され、79（昭和54）年に再開された際に大幅な仕様変更がなされた。外観で特に目立つのは前面の造形で、2枚の窓それぞれの周囲を一段凹ませてベージュに塗装、左右の上方に表示器を配置した。また、ライト類の位置や意匠も変わっている。イメージが一新された前面だが、中心には上下方向の鼻筋が通り、湘南顔らしさは引き継がれた。

　性能は従来の101系と同じだが、主電動機などの機器が新設計になった。制御電動車同士の2両編成も設定され、片方はパンタグラフを2基搭載した先頭車で迫力がある。従来の10

SEIBU

301系

新101系の8両編成バージョンは301系とも呼ばれる。車体デザインは同一で、2005年から一部の編成にスカートが装着された。写真／PIXTA

SEIBU

3000系

2枚の前面窓を大きなブラックアウト部でつないだデザインが採用された。これが西武鉄道における湘南顔の最終形態となった。写真／PIXTA

1系と区別するため「新101系」と呼ばれ、2両、4両、8両の編成が設定された。8両編成は番号が301および1301から始まり、便宜的に301系と呼ぶこともある。

のちに窓まわりのベージュを廃してイエロー単色になり、新101系の前面窓まわりは黒に改められた。101系は2010（平成22）年に引退したが、新101系は現役車が残る。

3000系
西武最後発の湘南顔

西武秩父線対応の電車として、1983（昭和58）年に3000系が登場した。走行メカニズムでは77（昭和52）年から運用中の4ドア車、2000系と同様の界磁チョッパ制御が採用された。車体は新101系に一見似ているが、前面窓まわりの凹んだ部分が左右一体となった。この前面も、中心に鼻筋が通っている。

塗装は101系と同様、新製時はイエローとベージュで、のちにイエロー単色に改められた。ただし、前面の窓周囲は当初から黒だった。また、もともとは8両編成のみだったが、のちに一部が6両編成に短縮された。3000系が全面引退したのは2014（平成26）年である。

西武鉄道から他社に譲渡される車両は古くから多く、西武グループの伊豆箱根鉄道、近江鉄道をはじめ、総武流山電鉄（現・流鉄）や上信電鉄などさまざまな鉄道事業者に渡っている。

SEIBU

351系

351系は大井川鉄道（現・大井川鐵道）と上毛電気鉄道に譲渡された。上毛電鉄では3枚窓のクハ1411形と2両編成を組み、230形として運行された。

大井川鉄道312系

大井川鉄道には5両が譲渡され、当初は2両編成と3両編成で運行されたが、後にいずれも2両編成になった。3両編成から抜かれたサハ1426は「SL急行」用のナロ80 2に客車化改造された。新金屋　写真／児島眞雄

上毛電気鉄道230形

クモハ351形＋クハ1411形の2両編成8本が1977年から譲渡され、デハ230形＋クハ30形となった。西桐生側先頭車は湘南顔、中央前橋側は3枚窓だった。大胡　1987年2月　写真／森中清貴

SEIBU

501系

501系は総武流山電鉄（現・流鉄）、伊豆箱根鉄道、三岐鉄道に譲渡された。大井川鉄道にも譲渡されたが、こちらは中間車で客車に改造された。

総武流山電鉄1200形

1200形のうち、501系の譲渡車は3両編成が4本組まれた。車体色はすべて異なる。写真は1203編成の流馬。流山　1983年5月5日　写真／児島眞雄

伊豆箱根鉄道1000系

西武グループの伊豆箱根鉄道駿豆線への譲渡車。車体色は西武時代の“赤電塗色”のままである。写真／児島眞雄

SEIBU

551系・601系

551系と601系はともに総武流山電鉄と一畑電気鉄道（現・一畑電車）に譲渡され、601系は上信電鉄にも渡った。

総武流山電鉄1200形

クモハ551形とクハ601形で2両編成を組む。クモハ1210(元クモハ561)＋クハ81(元クハ1658)。馬橋
写真／児島眞雄

一畑電気鉄道90系・デハ60形

右／中央が元551系の90系(クハ191)。元551系では唯一の2両編成だった。川跡 1989年5月14日　写真／児島眞雄　下／留置線に停車中のデハ62。クモハ552を両運転台化改造し。両側に湘南顔が付く。平田市（現・雲州平田）2004年7月7日　写真／児島眞雄

SEIBU

701系・801系

西武鉄道の譲渡車では定番ともいえる上信電鉄、総武流山電鉄、伊豆箱根鉄道、三岐鉄道の4社に譲渡された。種車は4両編成のため、短編成化には大規模な改造が行われた。

総武流山電鉄2000形

中間電動車に制御車の運転台部分を接合し、2両編成とした。2両編成と3両編成がある。馬橋　2002年3月17日　写真／児島眞雄

上信電鉄150形

写真の第2編成は801系、第3編成は701系の改造車。第1編成は401系の改造車のため湘南顔ではない。2007年8月10日　写真／児島眞雄

伊豆箱根鉄道1100系

701系を3両編成化して導入。クモハ化は、モハからクハに機器を移設して行われた。通常は白地と青色の車体色だが、写真は引退時の赤電カラー。

三岐鉄道851系

701系の譲渡車は801系と851系があり、台車が異なる。写真は851系で、最後尾のクハは脱線事故で新101系が連結されている。

SEIBU

101系・3000系

101系には新旧2種類あるが、旧101系の譲渡車は総武流山電鉄3000形のみである。新101系の譲渡車は多く、秩父鉄道にも初めて譲渡された。ここでは合わせて3000系の譲渡車も掲載する。

総武流山電鉄3000形

旧101系の唯一の譲渡車。3両編成2本が譲渡された。新101系を改造した5000形によって置き換えられた。馬橋　2002年3月17日　写真／児島眞雄

秩父鉄道6000系

急行用に2扉・クロスシートに大改造。前面窓は原形だが、灯火類の変更で印象が変わった。 波久礼～樋口間　2007年9月24日　写真／高橋誠一

流鉄5000形

総武流山電鉄から2008年に流鉄に社名変更された後の2009年に導入。新101系の2両編成が5本導入された。

上信電鉄500形

新101系の2両編成を導入。緑色ラインと赤色ラインの2本があり、ラッピングされることも多い。根小屋付近　2007年8月10日　写真／児島眞雄

三岐鉄道751系

伊豆箱根鉄道1300系として追加改造された分から、残る3両編成1本が入線。なお、同じ前面の車両は851系のクハにも連結する。

伊豆箱根鉄道1300系

新101系の4両編成と2両編成を組み合わせて3両編成2本に改造。後にもう1編成が追加されている。1301編成は西武時代の黄色をまとう。

近江鉄道300形

3000系の唯一の譲渡車。見た目は新101系を改造した100形とよく似ているが、前面窓が3000系らしい大きなブラックアウトになる。

近江鉄道100形

新101系と301系を譲受。新101系2両編成を改造した900形1本と、新101系・301系を改造した100形（写真）5本が在籍する。写真／PIXTA

京王電鉄

京王帝都電鉄（現・京王電鉄）の湘南顔電車は、1953年に投入された京王線の2700系、井の頭線の1900系から始まった。特に井の頭線は1962年にステンレス車体の3000系を投入。2011年まで運行され、多くの地方私鉄に譲渡されて現役車もある。

KEIO

2700系

車体を17mに大型化したため、耐食性に優れる高張力鋼を日本で初めて鉄道車両に採用した。写真の先頭車は3次車のクハ2775。まだ地上を走っていた時代で、周辺ものどかだ。京王新宿〜初台間　写真／児島眞雄

2700系
京王線初の湘南顔電車

京王帝都電鉄（現・京王電鉄）のうち新宿〜京王八王子間の京王線および、そこから分岐する支線は軌間が1372㎜という特徴があり、以下、本稿ではこれらを京王線と総称する。この路線はもともと軌道と分類される規格で開業し、太平洋戦争直後の段階では14m級の小型電車が活躍していた。京王線で戦後初の新製車として1950（昭和25）年に登場した2600系は16m級になり、前面は3枚窓だった。

続いて53（昭和28）年にデビューしたのが2700系で、17m級になったうえにいくつかの注目点がある。まず、車体の大型化による重量増を抑えるべく、素材に高張力鋼を用い、前面には傾斜した2枚の窓が並び、中央に鼻筋が通った湘南顔のデザインを採用。電動制御車と制御車は完全な新製だが、付随車サハは既存車からの改造で、旧型の台車を履いて落成した。

当初の塗装はダークグリーンだったが、増備途中にライトグリーンに移行し、後年さらに明るいグリーンに改められる。改造による形式変更や他系列への編入もあり、2700系のまま

KEIO

2000系

当時の京王電鉄のカラーだったライトグリーン単色をまとう2000系。登場時の前灯は白熱灯1灯だったが、後に2灯化された。側窓の保護棒も撤去されている。聖蹟桜ヶ丘　1966年4月3日　写真／辻阪昭浩

KEIO

2010系

2000系の改良型で、初期車の登場時は外観に大きな変更はない。写真はデハ2060形のトップナンバーを先頭にした4両編成。中間の2500系は旧型車の電装解除車。初台　写真／児島眞雄

活躍を続けたものは81（昭和56）年に引退した。

2000系 性能面も近代化

2700系は車体が近代的になったものの、走行関係は駆動が吊掛式であるなど、旧型と分類される仕様だった。これに対しカルダン式駆動を採用し、京王帝都電鉄初の新性能電車となって1957（昭和32）年に登場したのが2000系である。車体は2600系増備末期のものに準じ、制御電動車のみが製造された。当初は2両編成が組まれたが、後年他系列の付随車を中間に入れた編成もある。全面引退は83（昭和58）年だった。

2010系 旧型車を含む編成でデビュー

続いて1959（昭和34）年に製造が開始されたのが2010系で、車体は2000系に準じ、主電動機を出力アップしたうえで付随車連結を前提とした仕様になった。その付随車は2500系で、当初は旧来の14m級電車の改造編入車が充てられた。シル・ヘッダーがある小型車が中間に入った編成がアンバランスだったが、

KEIO

1900系

2700系の井の頭線仕様ともいえる1900系。吊掛式駆動で、初期車の車体外板には高張力鋼が用いられた。写真は初期の3両編成で、後に4両編成を経て5両編成化された。下北沢　写真／児島眞雄

増備途中から付随車2500系は、2010系に準じた新製車体を載せたものになった。63（昭和38）年に新型の5000系が登場した際、当初はその編成数が不足したため、2010系の一部が同様のアイボリー塗装になって特急などの運用に就いたことがある。また、68（昭和43）年から2700系改造の付随車が2500系に編入され、これで2010系初期の編成の旧型付随車が置き換えられた。2010系は84（昭和59）年に引退した。

1900系 井の頭線にも現れた湘南顔

井の頭線は帝都電鉄を前身とし、軌間は京王線と異なり1067㎜である。戦時中から終戦後にかけての混乱が収まってきた1953（昭和28）年、新型電車1900系が登場した。京王線の2700系の兄弟分にあたり、前面は同様に湘南顔だが、18m級で側面の窓配置が異なり、ドア間に窓が4枚ある。新製されたのは電動制御車のみで、中間に他系列の付随車を入れて編成が組まれた。電動制御車から中間電動車化への改造など、活躍の過程で変化が多く見られ、84（昭和59）年にすべて引退した。

KEIO
1000系

2000系の井の頭線仕様。写真の先頭車は4両編成化のため1961年に増備されたデハ1055で、アンチクライマーがなく、前灯はシールドビーム2灯、側窓はアルミサッシとなる。永福町検車区　写真／児島眞雄

1000系
井の頭線初の新性能車

京王線の湘南顔電車が2600系から2700系へと進化したのと同様、井の頭線にもカルダン式駆動の1000系（初代、以下同）が1957（昭和32）年に登場した。前面は引き続き湘南顔で、側面の窓配置は京王線の同時期の電車に準じたものに改められた。電動制御車のみが製造されて、当初は2両編成が組まれた。活躍の過程で電動制御車の中間電動車化改造、他系列の付随車連結などの変化もあり、84（昭和59）年にすべて引退した。

ここまでに紹介した京王電鉄の湘南顔電車は、登場時は前灯が1灯で国鉄80系にイメージが近かったが、のちの改造でケース付き2灯になり、京王独自の湘南顔ができ上がった。

3000系
レインボーカラーの湘南顔

湘南顔の流行が1960（昭和35）年頃には下火となる中、井の頭線に3000系が登場した。製造開始は62（昭和37）年で、骨組を含め車体をステンレス製とした「オールステンレス

KEIO

3000系

車体にステンレスを用いながら、前面に加工がしやすいGFRPを用いて湘南顔とした。写真はクハ3756以下の第6編成で、GFRPのカラーはベージュ。パイオニアⅡ-703台車が目を引く。永福町検車区（当時）写真／児島眞雄

KEIO

3000系
（リニューアル車）

1995年から内外装のリニューアル改造が行われた。前面上部は鉄製になり、湘南顔ながら窓が側面まで回り込んで、側面の視認性を高めた。スカートも装着され、表情が変わった。

カー」で、非貫通式の前面は1000系までの湘南顔デザインが継承された。窓まわりを含む前面の上半分をGFRP（ガラス繊維強化プラスチック）製としたのが大変ユニークである。

　GFRP部分には7種のカラーが設定され、レインボーカラーとも呼ばれる。車体に2つの素材を用いたことに由来し、3000系のことを「ステンプラカー」ともいう。日本初のオールステンレスカーは東急車輛（現・総合車両製作所）が62（昭和37）年に製造した東急7000系（初代）だが、京王3000系は同じメーカーで同年のうちに製造が始まったのである。

　車体は18m級で、初期の2編成は車体幅が狭くドアが片開きだったが、3編成目から裾を絞った幅広車体+両開きドアに移行した。88（昭和63）年まで増備が続き、その間に編成が4両から5両になり、出力アップ、制御方式や台車の変更、冷房化などの改良が施された。

　3000系のうち製造前期車は96（平成8）年から2004（平成16）年にかけて引退した。一方、製造後期車は引き続き運用すべく更新工事を受け、前面のGFRP製の部分は普通鋼で作り直し、窓が側面に回り込んだ形状になった。全車が引退したのは11（平成23）年である。

京王電鉄の譲渡車

2010系の車体と1000系の台車・主電動機が伊予鉄道に譲渡され、さらに銚子電鉄に再譲渡されて2編成が現役である。近年は譲渡に力を入れていて、3000系は5社に譲渡された。

KEIO
2010系

2010系と中間車の2500系のうち、比較的新しい車両が伊予鉄道に譲渡された。京王線系統は軌間が1372㎜のため、井の頭線（1067㎜）の台車と主電動機に換装された。

伊予鉄道800系

デハ2010形＋サハ2500・2550形＋デハ2060形の3両編成6本が譲渡された。当初は写真の塗色だったが、後にアイボリー地にオレンジ色と赤色の帯に変更された。1996年4月　写真／児島眞雄

銚子電鉄2000形

伊予鉄道のモハ820形とクハ850形（サハ2500形→サハ850形を制御車化）の2両編成2本を再譲渡したもの。モハ820形→デハ2000形が湘南顔。君ヶ浜～海鹿島間　2021年9月17日　写真／「旅と鉄道」編集部

KEIO
3000系

3000系は1067㎜軌間で、ステンレス車体のため耐久性が高く、5社に売却された。子会社の京王重機整備で短編成化などの改造がされ、2両編成や単行用両運転台車も登場した。

北陸鉄道8000系

北陸鉄道では浅野川線と石川線に譲受し、前者を8000系（1996・98年導入）、後者を7700系と命名。8000系には3000系の中でも車体幅が狭く片開き扉の第1・2編成が含まれる（写真）。2022年11月現在、5本のうち3本が引退している。粟ヶ崎〜内灘間

北陸鉄道7700系

石川線用の3000系譲渡車は7700系と命名。外観は8000系と同じだが、架線電圧の600Vに降圧されている。2006年に2両編成1本が導入された。写真／PIXTA

岳南電車8000形

緑色の前面の8000形は、中間電動車に運転台を設けて2両編成化した。2002年に2本が投入された。

岳南電車7000形

赤色の前面の7000形は、中間電動車のデハ3100形を両運転台化改造。車体の両側に湘南顔が付く。1996年に3両を投入。日奈　2013年5月16日　写真／高橋誠一

アルピコ交通3000形

松本電気鉄道時代の1999～2000年に、中間電動車を2両編成化改造した4本を導入。前面は更新車と同じパノラミックウィンドウ。ステンレス車体は白色で全塗装された。

伊予鉄道3000系

2009～11年に3両編成10本が譲渡された。投入時はすべてアイボリー色の前面だったが（下）、現在はオレンジ色単色の新塗色に全塗装された（左）。前面はすべてリニューアル車タイプ。

KEIO

3000系

1998年から2000年にかけて2両編成8本が投入された。制御車を電装した編成が5本、中間電動車を制御電動車化した編成が3本ある。3000系が譲渡された5社の中で唯一、全8本で前面の色が異なる。

→上毛電気鉄道700形

上毛電鉄700形のカラーバリエーション

デハ713＋クハ723　フェニックスレッド（ぐんまちゃん列車）

デハ717＋クハ727　ミントグリーン

デハ711＋クハ721　フィヨルドグリーン

デハ712＋クハ722　ロイヤルブルー（ラッピング電車）

デハ718＋クハ728　ゴールデンオレンジ

デハ715＋クハ725　ジュエルピンク

デハ716＋クハ726　パステルブルー

デハ714＋クハ724　サンライトイエロー（水族館電車）

東急電鉄

東急電鉄の湘南顔電車は、1954年登場の5000系、軌道線用の200形、日本初のステンレス電車の5200系のみである。しかし、3形式とも鉄道史に残る革新的な車両であること、5000系は多くの地方私鉄に譲渡されたことから、数字以上の存在感がある。

TOKYU
5000系

蒲田駅を発車する晩年の5000系。湘南顔ではあるが、独特な車体断面からそれ以上の個性が感じられ、"青ガエル"と呼ばれた。
1984年10月　写真／松尾よしたか

5000系「青ガエル」と呼ばれた超軽量電車

太平洋戦争後の復興から高度経済成長へ移る頃、数々の画期的な鉄道車両が出現したが、その中でも特に個性あふれるヒット作となったのが、東急5000系である。1954（昭和29）年に登場したこの電車は、東急グループの東急車輛（現・総合車両製作所）製で、数々の新技術が投入された。最大の特徴は航空機に通じる張殻構造の車体で、普通鋼製ながら重量が大幅に軽減され、超軽量電車とも呼ばれた。5000系の電動制御車デハ5000形の自重は28・6トンで、当時東急で最多数だった電車、デハ3450形が37トン前後なのに比べ圧倒的に軽い。

車体断面形状は丸みを帯び、前面は湘南顔の流れを汲むデザインで2枚の窓と鼻筋があるが、窓が大きく一段と明るい印象である。走行メカニズムでは、直角カルダン式駆動を採用して東急初の新性能電車となり、溶接組立構造の台車も先進的に感じられた。走行音が極めて静粛だったことも語り草である。編成は当初3両編成だったが、その後さまざまなバリエーションが

TOKYU
5000系

多摩川橋梁を越え、多摩川園駅（現・多摩川駅）に向かう5000系の3両編成東横線急行列車。写真／児島眞雄

TOKYU
5000系

東横線を走っていた頃の5000系。前面に行先表示板を掲げ、4両編成で運転されていた。自由が丘　写真／児島眞雄

見られた。

　形状が大変個性的な車体はライトグリーンに塗装され、「青ガエル」のニックネームで親しまれた。当初は基幹路線である東横線に投入されて急行を含む運用で活躍し、後年ほかの路線に移っている。末期は目蒲線（現・目黒線および東急多摩川線）に残り、86（昭和61）年に引退した。５０００系は製造総数１０５両のうち、三分の二に近い65両が全国の地方鉄道に譲渡されたことも特筆される。

TOKYU
5200系

日本初のステンレス電車は湘南顔だった。当初は行先表示器がなく、前面に看板を掲げていた。1960年11月　写真／辻阪昭浩

TOKYU
5000系

5000系の譲渡第1号となった長野電鉄向けの最初の車両は、長津田工場で整備後に田園都市線で試運転された。　たまプラーザ　1976年12月21日　写真／松尾よしたか

TOKYU

5200系

田園都市線と呼ばれていた頃の大井町線を行く5200系4両編成。1編成のみの試作的な車両で、後に5000系の中間電動車を組み込んで5両編成化された。旗の台　1978年1月4日　写真／松尾よしたか

5200系
日本初のステンレスカー

5000系を誕生させた東急車輛ではさらなる技術開発を進め、ステンレス製の車体に着目した。そして、外板にステンレスを用いた湘南顔の車体と5000系と同等の走行メカニズムを組み合せた5200系が1958（昭和33）年に落成した。これが、営業用の旅客車両でわが国初のステンレスカーである。ただし、ステンレス製なのは車体外板のみで骨組は普通鋼なので、この構造はセミステンレス、あるいはスキンステンレスとも呼ばれる。ちなみに、骨組もステンレス製にしたオールステンレスカーは、62（昭和37）年にデビューした東急車輛製の東急7000系が日本第一号となった。

5200系は、車体のステンレス鋼板にプレスによって浮き出された補強のラインが並び、その外観のイメージから「湯たんぽ」というニックネームが付けられた。試作的要素があってまず3両編成1本が落成し、追って中間車をもう1両加えて4両編成になり、末期は再び3両編成になって86（昭和61）年に引退した。

TOKYU

200形

モノコック構造や中空軸平行カルダン駆動など、5000系で初採用した技術を軌道線に持ち込んだ200形。低床構造に連接車体を盛り込んだ意欲作であった。大坂上　1961年2月　写真／児島眞雄

200形 路面電車のアイドル「ペコちゃん」

かつて東急には国道246号線上などを通る路面電車、玉川線があった。1955（昭和30）年、この路線に超軽量かつ高性能の200形が登場した。製造は東急車輛で、5000系と同様に車体は張殻構造である。前面は丸みが増して鼻筋の稜線はないが、大きな2枚の窓があって造形は湘南顔に通じる。

また、2車体連接で車体間の車輪が1軸、小径の車輪、平行カルダン式駆動など、車体以外にも多くの特徴がある。全長が2車体合わせて21mのかわいらしい電車で、「ペコちゃん」というニックネームで呼ばれた。69（昭和44）年に玉川線の大部分が廃止された際、200形も引退した。ちなみに、その廃止の際に支線にあたる部分が世田谷線として残され、現在も営業している。

東急電鉄の譲渡車

東急電鉄から地方私鉄に譲渡される例は現在も多いが、５０００系はその先駆けといえ、６社に譲渡された。また、５２００系は東急系列の上田交通（現・上田電鉄）に譲渡された。

TOKYU 5000系

5000系は軽量なことと1M方式が好まれて、長野電鉄、福島交通、岳南鉄道、熊本電気鉄道、上田交通、松本電気鉄道の6社に譲渡された。

長野電鉄2500系・2600系

長野駅周辺の地下化を前に、1977～85年に29両を譲受。2両編成の2500系が10本、3両編成の2600系が3本投入された。赤色とクリーム色の塗り分けで、“赤ガエル”と呼ばれた。1998年に引退。写真／PIXTA

岳南鉄道5000系

1981年に2両編成4本を投入。クハは中間車のサハまたはデハから先頭車化改造された。インターナショナルオレンジ地に白帯の塗装に変更。2006年までに引退した。吉原　1984年3月25日　写真／児島眞雄

熊本電気鉄道5000形

1981年に2両を譲受し2両編成で運行。1985年に4両追加で譲受。いずれも元先頭車で、妻面に運転台が増設された。1988年に先行2両のうち1両も両運転台化されたが、もう1両は休車となった。2016年に引退。

上田交通5000系

別所線1500V昇圧のため、1986年に2両編成4本を投入。全車が制御電動車のため、電装解除されてモハ＋クハの2両編成となった。1993年に引退。湘南顔ではないが、5000系のサハを制御車化改造したクハ290形もあった。下之郷 1986年5月18日　写真／児島眞雄

松本電気鉄道5000形

上高地線1500V昇圧のため、1986年に8両が投入された。全車が制御電動車だったため、3両は電装解除されてモハ＋クハの2両編成3本となった。残る2両は熊本電鉄と同様の両運転台に改造された。2000年に引退。写真／PIXTA

TOKYU

5200系

日本初のステンレス製車体の電車である5200系は、1986年の引退後は東急系列の上田交通に譲渡された。現在、デハ5201が総合車両製作所横浜事業所に、クハ5251が上田電鉄で保存されている。

上田交通5200系

10月の昇圧・運転開始を前に、下之郷車庫に搬入された5200系。モハ＋クハ1（デハを電装解除）の2両編成で、1993年まで運行された。1986年5月18日　写真／児島眞雄

京浜急行電鉄

京浜急行電鉄（京急）では、1951年に投入した500形・600形（登場時）から湘南顔を採用。従来の3枚窓から一変した。1000形も湘南顔で登場したが、増備中に貫通型に変更され、既存車も改造されて1000形の湘南顔は消滅した。

KEIKYU
500形

京急初の湘南顔となった500形。写真は2扉車の時代で、車体色は窓まわりが黄色、上下が赤色の京急では2代目の塗色。写真／大那庸之助

KEIKYU
500形

4扉の通勤車に改造された後のデハ500形。前面2枚窓だが、上の写真と比べ前照灯、雨樋、前面窓なども改造されている。1972年3月20日　南馬場　写真/大那庸之助

500形
京急初の湘南顔電車

京急の湘南顔には、国鉄80系と異なる個性がある。横から見ると、窓まわりと腰部を含め前面の上から下までの傾斜が一定している。上から見ると連続した曲面になっていて、鼻筋の稜線がない。そして、2枚の窓が大きいことも特徴である。当初は湘南顔の窓に中桟があり、前面上部に水平な雨樋が通っていたが、後に窓を中桟なしの固定式に改めて中央のピラーを細くし、雨樋を屋根上に移してスマートさが増した。

そんな京急流ともいえる湘南顔の第一弾が、1951（昭和26）年登場の500形である。終戦後の混乱が収まってきた時期に行楽輸送を想定して造られ、2ドア・ロングシートとなった。車体は窓の上下にシル・ヘッダーがなく、湘南顔の前面とあわせ近代的な印象である。

当初は電動制御車同士の2両編成で、その後電動制御車＋制御車の2両編成になり、さらに制御車を中間化改造して両端が電動制御車で中間に付随車2両を挟んだ4両編成に改められた。68（昭和43）年から4ドア・ロングシートに改造され、86（昭和61）年に引退した。

KEIKYU

600形 → 400形

品川〜北品川間の併用軌道を走る600形。今となっては信じられないが、当時は東京でも普通の電車が路上を走っていた。現在につながる赤地に白帯の塗色が採用されて間もない頃。1956年6月10日　写真／大那庸之助

600形→400形 湘南顔が通勤形にも波及

1953（昭和28）年には湘南顔で3ドア・ロングシートの通勤形電車、600形（初代）が登場した。電動制御車と制御車による2両編成が組まれ、58（昭和33）年まで増備される間に車体が半鋼製から全金属製に移行し、一段と近代的になった。活躍の過程でさまざまな改造を受け、65（昭和40）年に400形に改番された。全面引退したのは86（昭和61）年である。

700形→600形 京急初の新性能電車

500形も600形も湘南顔のスマートな電車ながら、走行メカニズムは吊掛式駆動の旧型だった。続いて1956（昭和31）年に登場した700形（初代、以下同）にも湘南顔が踏襲され、これが京急初のカルダン式駆動の新性能電車となった。車体外観も性能も近代的な700形は2ドア・セミクロスシートで、当初は制御電動車同士の2両編成が組まれた。

66（昭和41）年に600形と改番され、さらに約半数を中間車に改造し、4両や6両の貫通

KEIKYU 700形→600形

2扉の車体にセミクロスシートを備え、特急用として1956年に登場した700形。2両編成で、写真は2編成を併結している。1966年には600形に改称された。浦賀　1958年11月3日　写真／大那庸之助

KEIKYU 800形→1000形

2011年の引退も記憶に新しい初代1000形だが、初期車は湘南顔だった。写真の先頭車デハ1004は1959年に非貫通型で落成。1969～72年に貫通型に改造された。青物横丁　1968年11月27日　写真／大那庸之助

編成も組まれた。快速特急や特急を主体に京急のエースとして君臨し、71（昭和46）年から冷房改造された。引退は86（昭和61）年である。

800形↓1000形 大ヒット作も初期は湘南顔

1958（昭和33）年、700形の通勤形版にあたる3ドア・ロングシートの電車、800形が登場した。全金属車体、湘南顔、新性能という仕様で先述した通勤形の600形（初代）より近代的になったが、800形としての製造は電動制御車同士の2両編成2本のみにとどまった。その後は都営地下鉄1号線（のちに浅草線と呼称）への直通運転を視野に仕様を改めた1000形に移行。これが翌年から78（昭和53）年までの長期にわたり量産が続く。

1000形は800形よりやや車体幅が広く、当初は湘南顔の前面デザインが受け継がれたが、61（昭和36）年の増備から地下鉄の規格に適合した貫通式前面が採用された。一方、少数派の800形は65（昭和40）年に改番され、1000形に仲間入りしている。そして、1000形初期車および元800形は73（昭和48）年までに前面が貫通式に改造された。

京成電鉄

京成電鉄の湘南顔電車は、1953年に登場した特急「開運号」用の1600形のみである。しかし、1967年に特急運用を終了すると、翌68年にはアルミ車体の通勤形に改造され、しかも中間車のため湘南顔はわずか15年で消滅してしまった。

KEISEI 1600形

1600形を使用した特急「開運号」。「スカイライナー」の前に運転されていた、唯一の特急専用電車であった。写真／児島眞雄

1600形 フラッグシップ「開運号」

京成電鉄が、成田空港開港以前から担ってきた重要な役割のひとつが、成田山新勝寺の参拝客輸送である。戦後の復興が軌道に乗って来た1951（昭和26）年、京成成田行きの特急「開運号」の運転が始まった。当初この列車には戦前製の電車を整備のうえ使用していたが、待望の専用車両として53（昭和28）年に1600形が落成した。走行メカニズムは吊掛式駆動の旧型だが、車体は流麗なデザインで前面は丸みが強めな湘南顔になった。前面の窓下に「開運」のヘッドマークと羽根を広げた装飾がある。

1600形は電動車と制御車による2両編成1本のみの存在で、出入口は国鉄の特急車並みに1両あたり1カ所しかなく、座席はリクライニング式のクロスシートだった。登場翌年に日本の鉄道車両で初めてテレビが設置された。

京成における頂点の電車として活躍し、57（昭和32）年に中間車を加えて3両編成になった。67（昭和42）年に運用終了後は、更新工事で車体や機器が換装されて通勤形電車の中間車となり、「開運号」の面影は失われてしまった。

東武鉄道

東武鉄道では、特急用から通勤用までさまざまな車両があり、かつては貨物列車も運転されていた。湘南顔は「スペーシア」の先祖にあたる特急用電車と、熊谷線の気動車があった。なお、日光軌道線でも湘南顔電車が走っていたが、こちらは第5章で紹介する。

TOBU

5700系

5700系のうちA編成は湘南顔で登場。ヘッドマークのデザインから“ネコひげ”と呼ばれた。急行用となってから貫通型に改造されて湘南顔ではなくなった。北千住〜小菅間 1963年　写真／辻阪昭浩

5700系 日光行き優等列車のエース

東武鉄道では、国際的観光地の日光へアクセスする優等列車が古くから運転されている。1951（昭和26）年、日光行き特急の新型電車5700系がデビューした。編成は2両で、車体はシル・ヘッダーがある半鋼製だが、最初に落成した2編成は前面が2枚窓の湘南顔だった。前面腰部にあるステンレス製の装飾の形状から、「ネコひげ」というニックネームでも呼ばれた。乗客用設備は優等列車にふさわしく、2ドア・転換クロスシートである。3編成目から前面が貫通式になり、53（昭和28）年に計6編成が揃ったところで増備が終了した。また、当初の走行メカニズムは吊掛式駆動の旧型で、増備ラストの2編成はカルダン式駆動の新性能になったが、後年の改造で吊掛式に改められた。

5700系は日光方面への特急で運用されたが、後継の新型車投入に伴い急行用となり、60（昭和35）年には湘南顔の2編成の前面がほかの編成と同様の貫通式に改造された。従って、湘南顔が見られたのは10年未満である。そして、91（平成3）年に5700系はすべて引退した。

TOBU

キハ2000形

熊谷線のみで運転された東武鉄道の気動車。写真は1954年に登場した当時の塗装で、上がベージュ、下が紺色の当時の国鉄気動車一般色に準じた配色だった。熊谷　1956年5月　写真／児島眞雄

TOBU

キハ2000形

東武電車と同じロイヤルベージュ地に窓まわりがインターナショナルオレンジの塗色を経て、セイジクリーム単色に変更。前灯も2灯に改造されている。写真は廃止直前の2両編成。1983年5月26日　写真／児島眞雄

キハ２０００形
離れ小島で奮闘した気動車

東武鉄道にはかつて熊谷線という、埼玉県内の熊谷と妻沼《めぬま》を結ぶ営業距離10㎞ほどのローカル線があった。ほかの東武の路線とつながっていない、いわば離れ小島で、しかも非電化という特異な路線で、開業は戦時中の１９４３（昭和18）年。当初は蒸気機関車が走っていたが、54（昭和29）年に気動車が導入された。その気動車がキハ２０００形である。

全長16・５ｍ、両運転台、駆動は液体式、室内は中央部がクロスシート、端部がロングシートという仕様で、３両が製造された。前面には傾斜した２枚窓があり、鼻筋が通った正統派ともいえる湘南顔である。側面の窓は２段で、上段はガラスがＨゴムで支持された「バス窓」と呼ぶタイプで、同時期の国鉄および私鉄の気動車でよく見られた。車体は普通鋼製だが、軽量化の技術が導入されている。熊谷線はキハ２０００形３両のみで営業という大変ユニークな状態が長く続いたが、やがてモータリゼーションによって利用需要が減少して採算が悪化し、83（昭和58）年に廃止となった。

小田急電鉄

小田急電鉄の湘南顔電車は、ロマンスカーの前身になる特急車の2300形のみである。しかし3000形SEの登場後は準特急に格下げ改造され、1963年には貫通型の通勤車に改造された。なお、同様の走り装置を持つ2200形に2枚窓車があったが平面であった。

ODAKYU

2300形

3代目の特急車として、新宿と箱根を結んだ2300形。湘南顔にヘッドマークを掲げた前面と、小窓が並ぶ側面で優等列車用らしい外観であった。車体中央にはエンブレムも掲げられていたのが分かる。大秦野（現・秦野）付近　1955年　写真／児島眞雄

2300形
SE車登場前夜の特急電車

小田急電鉄では戦前から箱根方面への観光客向けに優等列車を運転してきた。そして、初めて座席をすべて転換クロスシートにした特急専用電車、1700形が1951（昭和26）年に登場した。その後、高まる需要に対応する増備車として、2300形4両編成1本が55（昭和30）年に加わった。車体は軽量化技術を採り入れた全金属製で、1700形は前面に傾斜のない2枚窓だったのに対し、窓に傾斜が付いて湘南顔に該当する造形になった。出入口は1両につき1カ所で、小田急初のリクライニング式転換クロスシートを採用。また、小田急の特急形で初めてカルダン駆動式の新性能電車となった。

充実した内容だったが、SE車と呼ばれる初の本格的ロマンスカー、連接式の3000形の導入に伴い59（昭和34）年に特急運用から撤退した。その時点では両開き2ドア・セミクロスシートに改造のうえ準特急（当時あった料金不要の種別）に転用され、さらに63（昭和38）年の改造で3ドア・ロングシート、前面貫通式の通勤形になった。82（昭和57）年に引退した。

相模鉄道

個性的な車両で知られる相模鉄道に在籍していた湘南顔電車も、非常に個性的だった。1955年に投入されたカルダン駆動の旧5000系では、前面は湘南顔で、床下機器まで車体で覆ったボディマウント構造を採用していた。

SOTETSU 5000系

新技術を採り入れることに熱心な相模鉄道では、私鉄でも早い1955年にカルダン駆動を投入した。床下機器まで、車体ですっぽり覆われていることが分かる。鶴ヶ峰　写真／児島眞雄

５０００系
意欲満々、相鉄初の新造車両

相模鉄道では開業以来長い間、ほかの鉄道から移籍した車両のみが運用されていたが、１９５５（昭和30）年に初の自社向け新造車両となる５０００系が登場した。当時は各社の斬新な電車が個性を競っており、この５０００系も極めて斬新な内容になった。車体は軽量な張殻構造で、床下機器を吊らずに車体内に搭載するボディマウント構造も採用。車体の断面は丸みを帯び、前面は傾斜した2枚の窓がある湘南顔デザインである。直角カルダン式駆動の新性能電車でもあり、「青ガエル」こと東急５０００系の相模鉄道版ともいえるのだが、製造は日立製作所が担当した。また、全車が電動車という特徴もあるほか、落成初期は17m級、その後の本格量産は18m級という変化も見られた。

なかなか充実した内容で、鉄道会社とメーカーの意気込みが強く感じられる電車だったが、軽量化した車体は経年で腐食による劣化が進み１９７０年代前半に引退を強いられた。そして、まだ耐用年数に達していなかった機器類を流用し、アルミ車体の５１００系が誕生した。

名古屋鉄道

さまざまな車両が存在した名古屋鉄道では、カルダン駆動初の量産車となった5000系が湘南顔だった。ただし前面も側面も丸みがあり、国鉄80系とはだいぶ雰囲気が違った。その後は貫通型が主流となり、湘南顔は登場しなかった。

MEITETSU 5000系

名鉄唯一の湘南顔となった5000系。車体色はライトピンクとマルーンのツートンだった。金山橋（現・金山） 1963年4月29日 写真／辻阪昭浩

5000系
名古屋鉄道初の新性能電車

戦後といわれた時期、カルダン駆動を採用した新性能電車が多くの鉄道会社に初登場したが、名古屋鉄道も例外ではなく、1955（昭和30）年デビューの5000系がこれに該当する。車体には張殻構造が採用されて断面形状が丸みを帯び、2ドア、転換クロスシートという仕様である。前面は湘南顔の流れを汲んだデザインだが、ふくよかな丸みがあり、2枚の窓は一段奥まった位置で曲面ガラスを使用していた。

スマートな外観、優れた走行性能、静粛な走行音、快適な車内設備という充実した内容の電車で、当初は名古屋本線の優等列車で活躍した。全車が電動車で編成は落成時4両だったが、のちに6両編成に改められ、さらに4両編成へと変遷が続いた。また、同系で前面を貫通式にした5200系も57（昭和32）年から加わっている。5000系は1970年代に更新工事を受け、窓のアルミサッシ化や室内張替えなどが行われた。また、前面は左右それぞれの窓が平面ガラス2枚の組み合わせになった。冷房化改造の対象とはならず、86（昭和61）年に引退した。

近畿日本鉄道

多くの私鉄が合併して成立した近畿日本鉄道（近鉄）。湘南顔の電車もそれぞれ出自が異なる。800系は近畿日本鉄道が製造、モ5801形は南大阪線の前身・大阪鉄道が大正時代に製造した電車の車体更新車、400系は元・奈良電気鉄道の編入車である。

KINTETSU

800系

奈良線の優等列車用に投入され、「大阪－奈良　特急」の文字とシカが描かれたヘッドマークを掲げている。写真は専用軌道から奈良線の併用軌道に入るところ。写真／米原晟介

800系 奈良線のスマートな2ドア車

広範囲に路線網を持つ近畿日本鉄道（近鉄）で、大阪と奈良を結ぶ役割を担う奈良線では、戦後も15m級の小型車が運用されていた。この路線で最初の18m級電車となったのは、1955（昭和30）年登場の800系で、同時期の他社の新車に負けない、当時としては先進的な内容であった。制御器や主電動機は新性能と分類される仕様で、駆動はカルダン式の一種だが、軌間が1435㎜でWN継手を用いている。

車体は普通鋼製ながら軽量構造が採用され、全体に丸みを帯びたスマートな造形で、前面は外板から奥まった位置に傾斜した2枚の窓があり、湘南顔の派生といえる。側面はドアが2枚で、窓は一段の下降式で中桟がない。座席はロングシートだが、当時料金不要で設定されていた種別、特急で活躍した。

編成は当初両端が電動制御車で中間が付随車の3両で、その後簡易運転台付きの付随車を加えて4両編成になった。1970年代からは奈良線以外でも運用され、晩年は生駒線と田原本線で過ごして92（平成4）年にすべて引退した。

KINTETSU

モ5801形

南大阪線の前身にあたる大阪鉄道のモニ5161形を鋼体化改造したモ5801形。写真のモ5805＋5808＋5806の3両編成のみは、快速「かもしか」用に淡緑色だった。写真／辻阪昭浩

モ5801形　更新で生まれた少数派

近鉄の南大阪線などの前身で、軌間が1067㎜の大阪鉄道が1923（大正12）年に電化された際、木造のデイ1形が登場した。大阪鉄道は太平洋戦争中の合併で関西急行鉄道となり、その直後に社名が近畿日本鉄道に改称されてから終戦を迎えた。そして、デイ1形のうち戦災に遭わなかった10両は55（昭和30）年に車体が載せ替えられてモハ5801形、車番5801〜5810となった。

新しい車体は鋼製・3ドアで、前面デザインのバリエーションが3種類ある。5801〜5804は前面に2枚の窓があるものの傾斜はなく、5805・5806は800系のように奥まった位置に傾斜した2枚窓を備えた湘南顔の一員だった。残る5807〜5810は貫通式となっている。モ5801形は車体が近代的な鋼製になって湘南顔のメンバーも擁したが、15m級の小型車で台車や機器類は種車のまま旧型というアンバランスな面もあった。南大阪線で長く活躍し、末期は養老線（現・養老鉄道）に移って79（昭和54）年にすべて引退した。

KINTETSU

400系

奈良電気鉄道のデハボ1300形を編入し、改番した400系。写真は奈良電気鉄道1300形の時代で、前面窓の上に1302の車番が標記されている。写真所蔵／小寺幹久

400系
元・奈良電気鉄道で唯一の湘南顔

近鉄京都線の前身である奈良電気鉄道に、1957（昭和32）年にデハボ1300形電車が2両導入された。車体は軽量構造の普通鋼製、16m級、2ドア、ロングシートという仕様である。前面は傾斜した2枚の窓の間に鼻筋が通った正統派の湘南顔だったが、のちに前面と屋根の境に雨樋が追加されて表情が変わった。走行メカニズムは吊掛式駆動の旧型である。

奈良電気鉄道は63（昭和38）年に合併されて近鉄京都線となり、デハボ1300形はモ455形に改番され、追って改造を受けて1両は出力がアップし、もう1両は動力がない制御車になった。その後、京都線の架線電圧が600Vから1500Vに昇圧されるのに対応した改造があり、あわせてほかの形式を含めた番号の整理により400系のモ409+ク309となった。ちなみに、400系はさまざまな生い立ちの電車の2両編成11本がラインナップした。孤高の存在だった湘南顔の409+309の編成は、その後別の支線に移って活躍を続け、87（昭和62）年に引退した。

KINTETSU

5800系

養老線（現・養老鉄道）で運行される晩年の5800系。塗装がえんじ色になって、前面の印象はより800系に近くなった。養老〜美濃津屋間　1976年11月21日　写真／佐藤博

KINTETSU

400系

奈良電気鉄道1300形は、1964年の近鉄編入に際してモ455形に改番され、1969年に再び改番されて400系に編入された。モ455形を名乗ったわずかな期間のカット。新田辺検車区　1968年6月1日　写真／西村雅幸

COLUMN

日本初の2階建て電車も湘南顔？

突出した鼻先が特徴的な前面には、鼻筋が通った傾斜した2枚窓や金太郎塗りなど、実は「湘南顔」の要素が盛り込まれていた。1958年頃　写真／辻阪昭浩

日本の私鉄で最大の路線延長を持つ近鉄では、歴代数々の特急専用電車をラインナップしてきた。その中で特にエポックメーキングだったのは、1958（昭和33）年に7両編成1本が落成した10000系である。最大の特徴は編成内3・5両目が日本の鉄道車両で初の2階建てとなったことで、4両目の付随車と合わせ3両連接構造なのもユニークだった。残る両端2両ずつは電動制御車と電動車のユニットで、片方のユニットを外した5両で運転することも可能としていた。

ここで、フル編成で1・7両目となる電動制御車の前面に注目したい。スピード感がある流線形で運転室の位置が高いが、傾斜した2枚の前面窓とその間には鼻筋があり、湘南顔に含められそうな微妙なデザインといえる。

デビュー時はオレンジと紺の塗装が前面で「金太郎塗り」になっていたが、これはのちに変更された。また、66（昭和41）年に片方の電動制御車の前面が踏切事故で大破し、貫通式の前面を付けて復旧している。そのため、オリジナルの顔を持つのは1両のみのレアな存在になった。近鉄伝統の2階建て特急電車「ビスタカー」の初代は、71（昭和46）年に引退した。

南海電気鉄道

譲渡車が現役ということもあり、南海電気鉄道の湘南顔は今なお印象強い。11001系と21001系の2形式のみで、外観も車体色もほぼ同じだが、前者は南海本線系統、後者は高野線系統向けで、車体長が異なっている。

KEIO

11001系

南海本線系統の11001系は20m級車体で、客用扉間には9枚の窓が並ぶ。湘南顔の半流線形の前面を持ち、特急にも使用された。写真／辻阪昭浩

11001系
南海初の新性能電車

戦後の1954（昭和29）年、南海電鉄で最初にカルダン式駆動を採用した全車電動車の新性能電車、11001系が登場した。20m級、2ドア、転換クロスシートという南海本線の優等列車用の電車である。車体は鋼製で準張殻構造を採り入れ、前面が貫通式というスタイルでのデビューだった。

この11001系は増備途中の56（昭和31）年にマイナーチェンジし、車体の裾や前面に丸みが付いた。前面には傾斜した2枚の窓があり、中央に鼻筋の稜線がない南海独自の湘南顔となっている。この後期車は当初4両編成で、すぐに5両編成に改められている。

73（昭和48）年に南海電鉄の大半の路線の架線電圧が600Vから1500Vに昇圧された際、湘南顔の11001系後期車の一部は機器換装等の改造を受けて1000系となった。難波～和歌山港間の特急「四国号」や急行など、南海本線系統の看板列車に充当されてきたが、10000系「サザン」が85（昭和60）年に登場し、87（昭和62）年に運用が終了した。

KEIO

21001系

11001系をベースに高野線の山岳区間直通運転に対応させた。車体長が17mと少し短くなるため、客用扉間の窓が8枚に、運転室と客用扉間は3枚から2枚に少なくなる。写真／辻阪昭浩

21001系
山岳路線にも湘南顔が出現

急勾配が続く南海電鉄高野《こうや》線にも、湘南顔の電車がラインナップした。まず、1957（昭和32）年に旧型電車の機器類を流用した21201系、4両編成1本が落成し、車体は湘南顔の11001系後期車を17m級に短縮した構造・形状で前面も湘南顔だった。73（昭和48）年に運用を終え、制御電動車1両は動力が撤去されて制御車となり、貴志川線で1201形に連結されて86（昭和61）年まで稼働した。

21201系は特殊な例だが、同様の車体で完全新製の21001系が58（昭和33）年に登場した。難波から山岳区間まで直通できる「ズームカー」のひとつで、「丸ズーム」と親しまれた。全電動車4両編成の新性能電車で増備は64（昭和39）年まで続き、その間に転換クロスシートからロングシートに移行した。転換クロスシート車は臨時「こうや」にも充当された。

1500V昇圧の際は全車が改造の対象となり、同時期に転換クロスシート車の一部がロングシート化されている。本系列の全面引退は97（平成9）年だった。

勾配区間への大運転が可能な21001系は、高野線に欠かせない車両だった。特急用の20001系「デラックスズームカー」は1編成しかないため、臨時「こうや」は21001系を使用して運転された（左）。1965年8月25日　極楽橋　写真／辻阪昭浩

南海電気鉄道の譲渡車

11001系は昇圧に際して9両が京福電気鉄道に譲渡された。また21001系は一畑電気鉄道（現・一畑電車）に4本、大井川鉄道（現・大井川鐵道）に2本が譲渡された。後者は今も現役で走り続けている。

NANKAI 1001系

架線昇圧後は1001系に改称。写真の編成は集中式の冷房装置で冷房改造され、前灯はシールドビーム2灯に改造された。羽衣 1973年7月13日　写真／佐藤 博

NANKAI 21001系

21001系は4両編成だったが、先頭車のみの2両編成に短縮されて一畑電気鉄道と大井川鐵道に譲渡された。

1994年と97年に2両編成2本が譲渡された。譲渡前の車体色をまとい。車番を維持する。

→ 大井川鐵道21000系

一畑電気鉄道3000系

当時の一畑電気鉄道のカラーに塗色変更され、形式名は3000系となった。先頭車のみの2両編成4本が1997年に導入された。宍道湖を背に一畑電鉄を快走する。

NANKAI

11001系

11001系の譲渡先は京福電気鉄道福井支社（現・えちぜん鉄道）のみである。南海の昇圧に際して一部を廃車とすることになったが、車齢が若いことから譲渡された。

京福電気鉄道3001形

京福電鉄には2両編成4本が譲渡された。うち3編成は湘南顔（写真）、1編成は貫通型で、後者は後に傾斜のない前面2枚窓に改造された。写真／西村雅幸

西日本鉄道

九州唯一の大手私鉄、西日本鉄道でも湘南顔の電車が足跡を残している。1000形は本線系統の優等列車用で、西鉄の当時の看板列車だった。2000形に交代するまで特急に使用された。また、木造車を全金属車体に更新した20形にも、湘南顔が付けられた。

NISHITETSU

1000形

急行車として登場した1000形は、1959年の特急運転開始とともに写真の塗色に変更された。 この車両は1958年に増備された1200形と呼ばれる編成で、一段下降窓が特徴だった。 西鉄福岡　1973年12月15日
写真／佐藤 博

1000形
特急で活躍した看板電車

西日本鉄道にも、戦後の高度経済成長期に斬新な電車が登場した。本線にあたる大牟田線の優等列車用として1957（昭和32）年にデビューした1000形がそれに該当し、軌間1435㎜で走行メカニズムには製造メーカーによりWN継手または中空軸のカルダン式駆動が採用されている。全電動車の4両編成で18m級、ドア付近がロングシート、中間部がボックス型のクロスシートという仕様だった。

車体は全金属製で窓の上下にシル・ヘッダーがなくすっきりし、屋根の肩の曲率が大きく前面も丸みを帯びている。前面は傾斜した2枚窓を持つ湘南顔で、曲面の外板と平面の窓ガラスを組み合わせる処理が独特で、左右それぞれのガラスの部分に独立したわずかな凹みがある。

1000形は特急や急行を受け持つエースだったが、後継の2000形の登場により73（昭和48）年に特急運用から撤退した。その後、75・76（昭和50・51）年に3ドア・ロングシートに改造されて普通列車用となり、さらに冷房化改造を受けて活躍を続け、2001（平成

NISHITETSU

1000形

全6編成が製造されたが、2本ずつ仕様が異なる1000形。写真はWN駆動、アルストム式台車の第2編成（Mc1005以下）。西鉄二日市　1975年2月21日　写真／佐藤 博

NISHITETSU

1000形

普通列車用に格下げされ、アイスグリーン地にボンレッドの帯に塗装変更された晩年の1000形。写真は上と同じMc1005。西鉄福岡　1985年　写真／児島眞雄

NISHITETSU

20形

大正末期から昭和初期にかけて製造された木造車を、1958年から60年にかけて全金属車体に更新した。1978年から81年にかけて宮地岳線（現・貝塚線）に転属した。二日市　1975年2月21日　写真／佐藤 博

13）年にすべて引退した。

20形 古い機器と流行の車体で登場

20形は戦後に木造車置き換え用として導入された電車で、全金属で新製した車体と木造車から流用した機器を組み合わせて1958（昭和33）年から落成した。15m級の小型車で、2ドア・ロングシートである。前面は1000形の丸みをやや弱めたような造形で、曲面の外板と平面ガラスによる2枚の窓を組み合わせた湘南顔も踏襲された。60（昭和35）年まで増備され、途中から16m級に改められている。編成は電動制御車+電動車+制御車の3両で、大部分は吊掛式駆動だが、改造車から機器を流用したためカルダン式駆動だった編成もある。

軌間1435㎜の大牟田線などで運用された20形だが、78（昭和53）年以降に軌間1067㎜へ改造、中間車を外して2両編成化のうえ宮地岳線（現・貝塚線）へ転じた。その際に120形へと改番されている。その後、一部は台車と駆動装置が東急の「青ガエル」5000系の廃車発生品に振り替えられた。20形が全面引退したのは91（平成3）年である。

Chapter 4

第4章
地方私鉄の湘南顔鉄道車両

湘南顔は地方私鉄にも広がっていった。1950年代は太平洋戦争の荒廃からようやく抜けだし、経済成長を始めた時期。傷んだ車両の置き換えや更新に、湘南顔をまとった車両が投入され、全国のローカル線に新風を吹き込んでいった。

定山渓鉄道

定山渓鉄道は北海道の札幌近郊で1969（昭和44）年まで営業した私鉄である。直流電化路線で国鉄にあった直通電化区間に乗り入れていたが、そこが非電化に改められたため直通運転用に気動車が加わったほか、貨物列車用の電気機関車も在籍した。廃止後は、電気機関車、電車は他社へ譲渡された。

Jozankei
モハ1200形

定山渓鉄道は1929年に電化されていて、電車が走っていた。モハ1200形電車（右）とキハ7000形気動車（左）が豊平駅で並ぶ。1969年9月10日　写真／福田静二

電車、気動車、電気機関車に湘南顔がラインナップ

定山渓鉄道の湘南顔第一弾となったのは、１９５４（昭和29）年登場の電車、モハ１２００形とクハ１２１０形である。各1両が製造されて2両編成が組まれ、前面は湘南顔で鼻筋も通っているが、傾斜がわずかで80系とは表情が異なる。側面の窓は2段で上段のガラスがHゴムで固定された、いわゆるバス窓だった。

乗り入れ先である国鉄千歳線の一部が直流電化から非電化へ移行したため、新しい乗り入れ用車両としてキハ７０００形気動車を57（昭和32）年に導入した。両運転台でドアの位置は車端に近く、車内はクロスシートという仕様で、前面にはわずかに傾斜した2枚の窓があり、湘南顔に含めることができる。58（昭和33）年には前面が同じで、荷物積載に対応してドアの位置を中央寄りにしたキハ７５００形が加わった。

キハ７０００形と同じ57（昭和32）年、貨物の輸送力強化を目的に、ＥＤ５００形電気機関車が導入された。車体は箱型で前面は傾斜した2枚の窓がある湘南顔で、国鉄のＥＦ58形をショーティーにしたようなスタイルだった。

Jozankei

ED500形

2両新製されたD級の直流電気機関車。前面や運転席は先台車のないEF58形という印象。豊平　1967年9月9日　写真／藤本哲男

Jozankei

キハ7000形

国鉄の気動車と連結して札幌まで乗り入れたキハ7000形。気動車は国鉄乗り入れのために投入された。写真／米原晟介

Jozankei

キハ7000形

札幌駅に停車するキハ7002。大きなスノープラウやタイフォンカバーが北海道向けらしい。1969年9月10日　写真／福田静二

Jozankei

モハ1200形

モハ1200形の全景。側面にはバス窓が並んでいた。登場時はフェザントグリーン単色だったが、後に写真の明るい塗装に変更された。豊平　1969年9月10日　写真／福田静二

定山渓鉄道の譲渡車

廃止後、ＥＤ５００形とモハ１２００形＋クハ１２１０形は譲渡された。しかし右側にある運転台がネックとなり、そのほかの車両は譲渡されずに廃車となった。

長野電鉄ED5100形

ED500形は2両とも長野電鉄へ譲渡され、ED5100形となった。1979年3月に貨物輸送が廃止され、2両とも越後交通に譲渡。1995年の長岡線廃止で引退となった。須坂　1977年5月5日　写真／藤本哲男

十和田観光電鉄1200形

定山渓鉄道1200形は1編成のみだが、譲渡後はモハ1207＋クハ1208に改番された。十和田観光電鉄のカラーに変更されたが、右運転台のまま1990年まで使用された。十和田市　1982年3月　写真／児島眞雄

夕張鉄道

かつて北海道各地にはたくさんの炭鉱があり、石炭輸送を目的とした鉄道も多く開業した。その中で夕張鉄道は総延長が50㎞に及ぶ北海道最大規模の私鉄となり、旅客輸送も行っていた。しかし、沿線の炭鉱閉山に伴い、1975（昭和50）年に営業を終えた。

Yubari

キハ250形

車庫に収まるキハ253形。奥側は切り妻形なのが写真からも分かる。妻面の運転台を整備した後の写真で、奥は逆向きのキハ252形だろう。鹿ノ谷　1968年9月2日　写真／福田静二

時代の先端を行く液体式気動車が湘南顔で登場

1953（昭和28）年、夕張鉄道で2番目の気動車、キハ250形が登場した。当時の私鉄としては大型の20m級で、駆動方式は国鉄で実用化したばかりの液体式を採用。このようにハイスペックな車両が導入されたことが、当時の石炭産業の繁栄ぶりを物語っている。両運転台で前面は湘南顔、側面窓は上段がHゴム固定のバス窓、車内はセミクロスシートだった。

本形式はまず車番251が製造され、56（昭和31）年から翌年にかけ252〜254が加わった。この3両は251と窓や座席が異なる。その後、252と253は片側を切妻に改造のうえ簡易運転台を設けたが、2両で向きが反対だった。254は両運転台のまま残ったので、4両の車体がすべて異なる仕様になり、それぞれをキハ251形・キハ252形・キハ253形・キハ254形と呼ぶケースもある。夕張鉄道の旅客営業は71（昭和46）年に一部廃止され、その際に252と253が引退した。そして、251と254も74（昭和49）年の旅客営業全区間廃止により役目を終えた。

夕張鉄道の譲渡車

１９７０年頃から炭鉱の閉山が始まり、夕張鉄道は75年に旅客輸送を廃止。旅客用気動車は74年までに廃車となり、関東鉄道鉾田《ほこた》線や水島臨海鉄道に譲渡された。

水島臨海鉄道キハ300形

キハ252、キハ253は水島臨海鉄道に譲渡された。キハ250形の増備車キハ300形が先に譲渡されてキハ301（写真）・302となっていて、その続番となった。1979年には岡山臨港鉄道に再譲渡された。水島機関区　1977年9月24日　写真／西村雅幸

関東鉄道キハ715号

キハ251、キハ254は関東鉄道に譲渡され、キハ251はキハ714に、キハ254はキハ715となった。石岡　1977年6月26日　写真／西村雅幸

留萌鉄道

JR北海道の留萌本線は2022（令和4）年現在、存廃問題で揺れているが、国鉄当時には途中の恵比島駅で接続する私鉄、留萌鉄道もあった。非電化の路線で国鉄への乗り入れも行い、湘南顔の気動車も在籍していた。

Rumoi

キハ1000形

おへそライトやタイフォンカバーで、個性的な湘南顔だった留萌鉄道のキハ1000形。奥に石炭を輸送する貨車が連なるのが見える。
恵比島　1968年9月4日　写真／福田静二

湘南顔の気動車2形式がラインナップ

留萌鉄道の湘南顔気動車第一弾は1955（昭和30）年に登場したキハ1000形である。同時期に国鉄向けに量産されていたキハ10形と共通点が多く、20m級の両運転台で側面にはいわゆるバス窓が並んでいた。前面は湘南顔だが、窓の部分の傾斜は小さめで鼻筋の稜線がなく、シンプルな造形である。また、腰部の中央に大きなライトがあり、光軸が可変式という特徴もあった。冬期の気象条件が厳しい地域ならではの装備で、設置位置から「おへそライト」ともいう。1001と1002の2両が製造され、両者で走行用の機関や台車が異なっていた。

2形式目の湘南顔気動車はキハ1100形で、1959（昭和34）年に1両製造され、番号は1103だった。こちらは側面の窓が国鉄キハ22形と同様の形状になったが、前面は湘南顔を受け継いでいる。ただし、腰部の大きなライトはなく、前から見た際の印象がキハ1000形と異なる。

留萌鉄道も沿線で産出する石炭を輸送する役割を担ったが、69（昭和44）年から営業を休止し、71（昭和46）年に廃止された。

留萠鉄道の譲渡車

留萠鉄道の廃止後、キハ1000形（1001・1002）、キハ1100形（1103）、キハ2000形（2004・2005）の5両すべてが茨城交通に譲渡された。

茨城交通キハ1000形

茨城交通に譲渡後も、キハ1000形として運行。機構上の特徴だった2軸駆動は1軸駆動に変更され、車体色も変わったが、外観の特徴だったおへそライトは残された。那珂湊　1983年10月29日　写真／児島眞雄

茨城交通キハ1100形

おへそライトのないキハ1103。写真は新塗装。夏季に上野から阿字ヶ浦に直通する臨時急行「あじがうら」がキハ58系で運転されると、勝田まで最後尾に連結された。阿字ヶ浦　1984年8月1日　写真／児島眞雄

三井芦別鉄道

三井芦別鉄道も北海道で石炭輸送を担った地方路線である。根室本線と芦別駅で接続し、1989（平成元）年に廃止された。末期は貨物輸送のみだったが、1972（昭和47）年まで旅客営業も行い、湘南顔の気動車が3両在籍した。

Mitsui Ashibetsu

キハ100形

2両編成で走る三井芦別鉄道のキハ100形。渡り板のみの踏切では、自転車に乗った人が通過を待つ。奥には石炭輸送のディーゼル機関車が見える。芦別　1969年9月7日　写真／福田静二

在籍した気動車は湘南顔の1形式のみ

石炭輸送が主体の三井芦別鉄道では、貨物列車に客車を連結して旅客営業を行っていたが、1958（昭和33）年から旅客列車を独立させた。そのために導入したのがキハ100形気動車で、同年に101・102・103の3両が製造された。両運転台で前面は湘南顔、側面の窓は上段のガラスがHゴムで固定されたバス窓、セミクロスシート（中央部がクロスシート、端部がロングシート）という仕様である。製造が5年ほど前だが、夕張鉄道250形のトップナンバー、251によく似ている。キハ100形は単行や2両連結で運転したほか、2両の間に付随車をはさんだ3両編成も見られた。その付随車は蒸気機関車が牽引していた客車を改造したもので、キハの引通し回路も備えていた。

本形式を含め、北海道の地方私鉄の気動車は引退後に本州の地方私鉄に譲渡された例が多い。これには、石炭産業が盛んだった頃に自社向けに新製されて性能や車内設備が優れ、鉄道あるいは旅客営業が廃止された時点ではまだ耐用年数に達していなかった、という背景がある。

三井芦別鉄道の譲渡車

3両の気動車はすべて関東鉄道に譲渡され、鉾田線で元・夕張、加越能の湘南顔とともに使用された。同線は1979年に分離され、鹿島鉄道となった。

関東鉄道キハ711号

関東鉄道に譲渡された元・キハ100形は、キハ710形（711・712・713）となった。713は1991年12月、711・712は1992年12月まで使用された。石岡　1977年6月26日　写真／西村雅幸

関東鉄道キハ713号・715号

元・三井芦別鉄道キハ103のキハ713（右）と元・夕張鉄道キハ254のキハ715（左）。関東鉄道には3社の湘南顔が集まった。石岡　1977年6月26日　写真／西村雅幸

羽後交通

Ugo

キハ2形・キハ3形

秋田県横手市を拠点とする羽後交通。現在はバスのみの交通事業者だが、かつて横荘線と雄勝線の2つの鉄道路線があり、それぞれ1971（昭和46）年と1973（昭和48）年に廃止された。前者に湘南顔の気動車が在籍し、のちに後者に移った。

非電化に切り換えられた雄勝線の西馬音内（にしもない）駅構内。まだ架線が張られていて、右のホームからキハ3、DC2、キハ2と並ぶ。西馬音内　1971年8月26日　写真／福田静二

前後で表情が異なる湘南顔の両運転台気動車

羽《う》後《ご》交通の鉄道路線は横荘線《おうしょう》が非電化で、雄《お》勝線《がち》が電化だった。1953（昭和28）年に横荘線に新製で導入された2両の気動車は同型で、それぞれキハ2、キハ3と名乗った。国鉄の同時期の気動車用に準じた機関を搭載した液体式で、性能面では一般的な仕様だが、車体はなかなかの個性派となっている。両運転台で2つの前面はともに傾斜した2枚の窓を持ち、80系にイメージが近い。そして、片方だけ前方に荷台を備え、前後非対称というところが珍しい。側面はドアの位置が両端に近く、中間部に並んだ狭い窓の上下にシル・ヘッダーがあり、アーチバーと呼ばれるタイプの台車とともにクラシックな仕様だった。屋根が張上げ式なのも含め、外観の印象が部位によって異なる。

横荘線は71（昭和46）年7月に廃止されたが、この2両の気動車はまだ用途を失わずに済んだ。雄勝線を非電化に改め、そこに移って活躍することになったのである。珍しい経緯によって新天地を見出したものの、雄勝線も73（昭和48）年4月に廃止され、延命は2年足らずであった。

栗原電鉄

栗原電鉄は宮城県の私鉄で、社名でわかるように電化路線があった。そこには西武鉄道からの譲渡車が活躍の過程で更新工事を受けて湘南顔になったという、ユニークな経歴の電車が在籍していた。1993（平成5）年に第三セクター化され、1995（平成7）年に非電化のくりはら田園鉄道と改称された。

Kuriden
M181形

沢辺駅で行き違いをするM153（右）と湘南顔のM181（左）。2枚窓の電車はいくつかあったが、湘南顔はM181のみであった。写真／森中清貴

西武鉄道から移籍後
古巣に戻って車体を換装

栗原電鉄は大正時代に開業した軌間762㎜、非電化の地方鉄道をルーツとし、戦後に電化のうえ1067㎜へ改軌され、1955（昭和30）年にこの社名になった。その後合併により一時期は宮城中央交通となったが、また元の栗原電鉄に戻っている。在籍した電車のうち1両、M181の経歴が実に興味深い。55年の電化時に西武鉄道から移籍し、当初はM161と名乗った。出自は西武鉄道の前身、武蔵野鉄道の16m級木造車である。59（昭和34）年に西武鉄道所沢工場に持ち込まれ、更新工事を受けて生まれ変わった。車体は鋼製の18m級となり、前面は西武鉄道501系などに準じた湘南顔ながら、幅が狭いためやや細面である。また、更新時にM181と改番された。「M」は電動車を意味し、18m級の電動車をすべてM18形とし、続けて連番が振られた。制御車には「C」が付いた。

M181はのちにカラオケ装置が搭載され、イベントで使われた。95（平成7）年に栗原電鉄は非電化に改められ、くりはら田園鉄道と社名も変わり、ほかの電車とともに引退した。

茨城交通

現在のひたちなか海浜鉄道の前身である茨城交通には、さまざまな気動車が在籍した。その中で圧倒的に強い個性の持ち主だったのが、１両だけ製造されたステンレス車体のケハ600形である。引退から30年以上経つが、現在も車体が那珂湊機関区に残され、ミニ博物館として使用されている。

Ibako

ケハ600形

新潟鐵工所が試験的に製造したステンレス気動車。総括制御ができないため単行使用が多く、後年は活躍の機会も少なかった。那珂湊 1983年10月29日　写真／児島眞雄

銀色に輝く湘南顔 孤高の存在

茨城交通では、気動車の形式記号を「ケハ」としていた。これは燃料の軽油に由来すると言われている。そんなケハ群の中に、日本の気動車史を語るうえで欠かせない1両、ケハ６００形があった。１９６０（昭和35）年に自社向けに新製され全長約20ｍ、液体式、ロングシートと、機能面のスペックは一般的である。

しかし、車体は日本の気動車で初のステンレス製という、特別なもの。日本初のオールステンレスカー、東急７０００系電車より前の登場で、車体外板がステンレス製で骨組みは普通鋼製の、いわゆるセミステンレスカーである。

車体は銀色に輝き、プレスで波状に浮き出した補強、コルゲートが並ぶ車体の前面には傾斜した上半分に2枚の窓があり、中央に鼻筋が通っている。典型的な湘南顔の造形だが、左右の窓は上下寸法がやや小さめで、それぞれの上に比較的大きな表示窓があるので、腰部のコルゲートと合わせ、表情は80系等と異なる。国鉄に乗り入れたこともあるが、運用は92（平成４）年に終了。車体は現在も残されている。

富士急行

中央本線と接続する大月と河口湖を結ぶ富士急行では、濃淡ブルーのツートンに白帯を配したさわやかな塗装の電車が活躍していた。その中に、先進のメカニズムを搭載した湘南顔の形式もあった。近年は譲渡車が中心だが、当時は自社発注車もあり、首都圏から近い、ユニークな存在の地方私鉄である。

Fujikyu 3100形

湘南顔の前面、片側2扉のドア配置など、観光輸送を考慮したことが感じられるデザインの3100形。河口湖付近　1966年1月21日　写真／児島眞雄

富士山麓を走った湘南顔の電車

富士急行は明治時代に開業した馬車鉄道をルーツとして電化鉄道へ発展し、社名も変遷して昭和初期から富士山麓電気鉄道となった。富士急行の社名になったのは１９６０（昭和35）年である。２つの社名の期間を通し、車両の形式番号の上の2桁を登場した年号に合わせる慣習を持っていた。そして、富士山麓電気鉄道の30周年にあたる56（昭和31）年に３１００形がデビューした。この電車は20m級で、車内は中央が観光客輸送に適したクロスシート、端部がロングシートだった。車体は全体に丸みを帯び、前面は傾斜した大きな2枚の窓がある。湘南顔の一員だが、窓ガラスが外板より一段凹んでいる。側面も窓が大きく、明るい印象を受ける。

走行メカニズムで最大の特徴は、駆動機構に当時先進的なＷＮ継手を、日本の軌間１０６７㎜の電車で最初に採用したこと。また、連続する勾配を下る際に有効な発電ブレーキも備えた。電動制御車同士の2両編成が2本落成し、1本は事故で71（昭和46）年に廃車となったが、もう1本は97（平成９）年まで活躍を続けた。

秩父鉄道

「SLパレオエクスプレス」が走る秩父鉄道で、現在一般の旅客輸送に使用する電車はすべて他社からの譲渡車だが、かつては自社向け新製車がラインナップした。その中には湘南顔の仲間もあり、急行用と普通列車用の2形式が秩父路を駆け抜けていた。

Chichibu 300系

2両編成で登場した300系だが、1966年にサハ350形を挿入して3両編成になった。写真は銀色のアルミ製車体が特徴のサハ352を連結する。三峰口　1983年5月28日　写真／児島眞雄

座席配置が異なる2種類の湘南顔電車

秩父鉄道は埼玉県の中央部に路線を持ち、旅客および貨物の営業を行い、かつては国鉄から旅客列車が臨時で乗り入れていた。モータリゼーションが本格化する以前、地方においても鉄道が交通機関の主力だった頃は自社向けに新製された電車がラインナップし、当時としては先進的なものもあった。その代表例として挙げられるのが、１９５９（昭和34）年にデビューした３００系である。車体は丸みを帯び、前面は湘南顔、2ドア、中間部がクロスシートで端部がロングシート、WN継手の駆動装置といった内容で、3年先輩にあたる富士急行３１００形と共通点が多い。

細かく見ていくと、一段凹んだ前面窓の下辺の縁が広く、窓ガラスの上下寸法が小さいなど、独自の要素もある。また、制御電動車のみで2両編成を組む点も富士急行３１００形と同じだが、主電動機の出力は55kWから75kWへアップした。編成は2本あり、新しい方には空気バネ台車を採用。のちに2本とも付随車を加えて3両編成になり、急行「秩父路」に充当された。

Chichibu

500系

300系によく似た外観だが、ケースに収められた2灯の前灯が特徴。茶系のツートンから、1986年に写真の黄色に茶帯の新色に変更された。長瀞　1988年　写真／児島眞雄

62（昭和37）年には次なる湘南顔の電車、500系が登場した。前面のデザインをはじめ車体には300系から踏襲した要素が多いが、前灯がケースに収められた2灯になり、側窓の大きさや配置が異なる。また、2ドアながら室内はロングシートというところも独特だった。主電動機の出力は110kWまでアップし、制御電動車と制御車による2両編成が9本ラインナップした。

秩父鉄道の湘南顔兄弟、300系と500系はともに運用離脱したのが92（平成4）年である。それぞれを置き換えたのは、元国鉄／JRの急行形165系と元東急の通勤形7000系で、種別による違いがより明確になった。

500系は通勤形で、終始2両編成だった。当初は茶系のツートンカラーをまとっていた。小前田　1983年5月26日　写真／児島眞雄

加越能鉄道

かつて富山県内を走っていた加越能鉄道は、現在の万葉線の前身であるとともに、1970年代初頭まで電化および非電化の鉄道路線も保有していた。そのうち非電化の加越線には、新製で投入された湘南顔の気動車の姿もあった。

Kaetsuno

キハ120形

塗り分けが違うのでだいぶ印象が異なるが、東武鉄道キハ2000形とほぼ同型のキハ120形。加越線初の液体式気動車となった。庄川町　1959年3月　写真／羽片日出夫

湘南顔の気動車は東武キハ２０００形の姉妹車

加越能《かえつのう》鉄道は１９５０（昭和25）年に設立され、社名は北陸地方の加越能三国すなわち旧国名の加賀、越中、能登を意味する。鉄道や軌道は既存の路線を移管したもので、加越線は前所有が富山地方鉄道、約20㎞の非電化路線だった。そこに57（昭和32）年に2両の気動車、キハ１２０形のキハ１２５とキハ１２６が入線した。16ｍ級、液体式、２ドアで前面は湘南顔、側窓はいわゆるバス窓という仕様で、東武鉄道熊谷線で活躍中のキハ２０００形に類似し、メーカーも同じ東急車輛だった。ただし、屋根の通風器、座席などに差異が見られる。ちなみに、それまで加越線に在籍していた気動車は機械式のみで、キハ１２０形は初の液体式となった。

　加越能鉄道には電化の伏木《ふしき》線もあったが、71（昭和46）年に廃止された。それを追うように加越線も翌72年に廃止され、路面電車および郊外電車の万葉線は２００２（平成14）年に第三セクターに移行した。そして、鉄道および軌道の事業から撤退した加越能鉄道の社名は、12（平成24）年に加越能バスと改められた。

加越能鉄道の譲渡車

１９７２年に廃止されると、２両のキハ１２０形は関東鉄道に譲渡され鉾田線で運用された。79年に鹿島鉄道になった後も承継され、２００７年の廃止まで使用された。

関東鉄道キハ431号

関東鉄道に譲渡され、鉾田線で使用された元・キハ120形。キハ125は新たにキハ431となり、前灯がシールドビーム化改造された。車体色はオレンジ色とクリーム色のツートンだった。石岡　1977年6月26日　写真／西村雅幸

鹿島鉄道キハ431号

関東鉄道鉾田線は切り離され、新設された鹿島鉄道の路線となった。キハ431・432も継承され、2002年に車体更新、2003年に金太郎塗りに塗装変更された。四箇村～新高浜間　2007年3月15日　写真／佐藤 博

富山地方鉄道

立山や黒部といった観光地への輸送を担う富山地方鉄道は電化され、かつては国鉄・JRからの直通列車も運転されていた。近年は他社からの譲渡車が多いが、過去にはさまざまな自社発注車が導入され、湘南顔もラインナップした。その中には現役車もある。

Toyama Chitetsu

14780形

製造年から明らかに湘南顔の影響を受けた前面デザイン。第1編成は1997年に、第2・3編成は1999年までに廃車となった。上市 1958年7月（着色加工） 写真／羽片日出夫

50周年に登場した初の冷房車は湘南顔

富山地方鉄道初のカルダン駆動の電車は1955（昭和30）年登場の14770形で、車体は丸みを帯び、前面に3枚の窓があった。翌年からの増備で14780形に移行し、湘南顔に該当する2枚窓になったが、傾斜はわずかで独特な表情をしていた。以後、前灯の位置が変わったものの同様の前面デザインで10020形、14720形と系譜が続いている。

この鉄道は80（昭和55）年に50周年を迎え、記念するタイミングとなった79（昭和54）年、14760形電車がデビューした。製造されたのは電動制御車同士の2両編成が7本と、増結用の制御車1両。車体は18m級、車内は大部分が転換クロスシート、一部がロングシートである。前面は窓部と腰部はわずかに傾斜し、横から見て「く」の字を描く。左右に後退角もあり、大きな2枚の窓が細いピラーを挟んで並ぶ。前面窓の上方には表示器を備える。国鉄80系とは印象が異なるが、近代化された湘南顔デザインといえそうだ。14760形は富山地方鉄道初の冷房車で、今も全車が現役である。

Toyama Chitetsu
10020形

14780形の第3編成から、中央の前灯のほかに左右に副灯2灯を設置するデザインに変更。続く10020形も3灯で登場した。上市　1963年9月　写真／羽片日出夫

Toyama Chitetsu
14720形

濃淡オレンジ色のツートンをまとっていた頃の14720形。当初は前灯が3灯だったが、1986・87年に冷房化され、合わせて前灯が左右2灯に変更された。宇奈月温泉　1963年9月　写真／羽片日出夫

Toyama Chitetsu
14760形

現状では富山地方鉄道最後の自社発注車。後退角と傾斜がわずかにあり、富山地方鉄道流の湘南顔の現代的な解釈と捉えられる!?

北陸鉄道

石川県の私鉄、北陸鉄道でかつて営業していた山中線は高度経済成長の頃に温泉地への観光客で賑わった。そして、自社発注車の中に当時としては近代的な湘南顔のクロスシート車もあった。

Hokuriku

6010系

第2編成はアルミ合金製に進化し、6010系となった。愛称は「しらさぎ」。腰部までガラスのドアが観光列車らしい。大聖寺〜帝国繊維前間　1963年9月　写真／羽片日出夫

温泉客輸送に活躍した自社発注のクロスシート車

北陸鉄道で現在営業している鉄道路線は石川線と浅野川線の2路線だが、かつてはさらに10以上の路線があった。そのひとつ、山中《やまなか》線は終点の山中が温泉地で、観光客輸送の重要な役割を担っていた。1962（昭和37）年に登場した6000系は、北陸鉄道で最初にカルダン式駆動が採用された電車である。電動制御車と制御車による2両編成1本が製造され、18m級、2ドア、中央部がクロスシート、端部がロングシートという仕様だった。営業距離が9kmに満たない山中線にクロスシートがメインの電車があったのも面白い。車体は軽量な準張殻構造で、前面は湘南顔の流れを汲んだ造形ながら左右コーナー部に幅狭の窓を加え、表情が独特だ。

翌63年に2両編成1本が6010系として増備され、その車体はユニークなアルミ合金製で前面左右の幅狭の窓に曲面ガラスを用いている。外観が一層近代的な反面、走行用の機器類は既存車からの流用で、駆動は旧型の吊掛式だった。6000系、6010系とも、71（昭和46）年に山中線が廃止されるまで活躍した。

Hokuriku

6000系

後退角と傾斜のある前面から湘南顔に含んだが、観光列車としてより進んだデザインの6000系。地元名産の九谷焼にちなんで「くたに」の愛称があり、愛称板は磁器製だった。河南　1963年9月　写真／羽片日出夫

北陸鉄道の譲渡車

1971年7月に山中線が廃止されたが、6000系・6010系は北陸鉄道の他路線に転属することができず、当時同じ名古屋鉄道の傘下にあった大井川鉄道（現・大井川鐵道）に譲渡され、「あかいし」の愛称が付けられた。

大井川鉄道6010系

大井川鉄道に譲渡され、有名撮影地の大井川第四橋梁を渡る6010系。6000系は架線電圧の違いから付随車として牽引されたため1984年以降は運転されなかったが、6010系は自力走行が可能で、2001年まで活躍した。写真／児島眞雄

福井鉄道

福井鉄道福武線は、市街地で路面と通る軌道と郊外の鉄道から成り立ち、歴代さまざまな電車が活躍してきた。その中で200形は湘南顔の前面を持つ電車に当時最新の数々の技術を盛り込んで登場し、非常に斬新だった。

Fukui

200形

地方私鉄ながら、意欲的な車両を投入する福井鉄道。200形は外観もメカニズムも斬新で、同社の知名度を高めた。福井駅～市役所前間 1984年1月14日　写真／児島眞雄

郊外から路面区間に乗り入れる湘南顔の連接車

福井鉄道福武《ふくぶ》線は福井と越前武生《たけふ》を結び、営業距離は約20km。北陸本線と並行し、福井の市街地中心部の路面に乗り入れる。比較的距離が長く北陸本線と競合するため速達性が求められ、停車駅が少ない急行も設定されている。

その急行のエースとして１９６０（昭和35）年に200形がデビューした。特徴としてまず挙げられるのは15ｍ級、2車体の連接式であること。両側の前部にＷＮ継手のカルダン式駆動の電動台車、連接部に付随台車がある。前面は上半分が傾斜し、細いピラーを挟んで左右2枚の窓を持つ。西武鉄道の湘南顔に一見似ているが、外板より窓ガラスの方がやや傾斜が強く、独自の個性が感じられる。また、路面区間走行に対応し、前面の下に大きな排障器を備える。

62（昭和37）年までに3本の編成が揃い、のちに機器換装による中空軸カルダン式駆動化、冷房化などの改造を受け、21世紀に入っても全車現役を維持した。２０１４（平成26）年に引退が始まり、現在は最後に落成した編成のみが在籍するものの、運用から外れている。

長野電鉄 2

現在は譲渡車が主体だが、かつては自社発注車がラインナップしていた地方私鉄は多く、長野電鉄もその一例である。ここにも高度経済成長の時期に高性能で湘南顔の電車が新製で投入された。

Nagano
2000系

名鉄5000系（初代）など、製造を請け負った日本車輌で多く見られた日車湘南タイプの2000系。地下化前の長野駅で出発を待つ。1975年2月13日　写真／佐藤 博

特急で活躍した信州の私鉄のフラッグシップ

地方私鉄としては比較的規模が大きい長野電鉄は、観光客の利用需要もあり、充実した車内設備の電車をラインナップしてきた。その系譜上で特に画期的な存在だったのが、1957（昭和32）年にデビューした2000系である。当時は国鉄も私鉄各社も競うように高性能でスタイリングも優れた車両を導入していたが、2000系もその一例といえる。

車体は18m級、2ドアで準張殻構造が採用されて全体が丸みを帯びている。前面は外板より一段凹んだ位置に、曲面ガラスを用いた2枚の大きな窓がある。側面は2ドアで2連の窓が並び、車内は戸袋部がロングシート、それ以外は2連窓とピッチが合った転換クロスシートで、観光地へ向かう電車にふさわしい設備となった。

特急用として3両編成が4本揃い、当初は愛称名も付けられていた。のちに冷房化改造されて21世紀に入ってからも特急運用が続いたが、2006（平成18）年に引退が始まった。12（平成24）年に全運用が終了したが、現在も1編成が休車状態ながら在籍している。

伊豆箱根鉄道

静岡県の伊豆半島を走る単線・電化の伊豆箱根鉄道駿豆線には、同一形式でありながら自社発注車と西武鉄道からの譲渡車がラインナップする1000系が在籍し、前面が湘南顔だった。

Izu Hakone 1000系

細いピラーを挟んだ前面窓や赤電のような色調は親会社の西武鉄道っぽいが、前面の塗り分けに独自性を出す。譲渡車は前灯が上部に付き、前面が異なる。写真／児島眞雄

伊豆箱根鉄道初の自社発注車は湘南顔

伊豆箱根鉄道は三島から修善寺まで、伊豆半島内を南北に通る路線である。明治時代に一部区間が開業し、大正末期に全区間開業に至った。社名は豆相鉄道、伊豆鉄道、駿豆電気鉄道、駿豆鉄道など変遷を繰り返した末、１９５７（昭和32）年に伊豆箱根鉄道となった。大正時代に電化されたが、電車は国鉄や西武鉄道からの譲渡車ばかりという状態が続いた。

駿豆線に待望の自社発注車、１０００系が入線したのは63（昭和38）年のこと。完全な新製ではなく、西武鉄道所沢工場製の20m級、両開き3ドアの車体に自社で既存車から流用の機器を搭載した。前面は西武鉄道で多く見られた、細いピラーを挟んだ2枚窓を持つ湘南顔である。新製車体＋機器流用で3両編成4本が71（昭和46）年までに落成し、第1・2編成と第3・4編成で前灯や表示器などが異なる。また、第3・4編成は機器換装によりカルダン式駆動になった。１０００系は75（昭和50）年以降も増備されるが、西武５０１系の譲渡車が充てられた。自社発注車、譲渡車ともにすべて引退している。

静岡鉄道

静岡鉄道は地方私鉄でありながら、かつては自社の長沼工場で更新や新製をした車両で営業運転を行っていた。その工場で落成した自社オリジナルの電車の中に、湘南顔を持つ仲間があった。

Shizutetsu 21形

ピンク色とクリーム色のツートンをまとう21形24編成。幅が狭いので、前面の金太郎塗り分けはやや浅め。23編成以降は乗務員扉が追加された。長沼車庫　写真／児島眞雄

自社工場で誕生した湘南顔の電車

静岡鉄道で現在も営業している鉄道路線は、新静岡～新清水間の静岡清水線のみである。長沼に車庫と工場があり、かつては木造車両の鋼体化改造や、車両新製なども担っていた。１９５８（昭和33）年、その工場で電動制御車クモハ21形と制御車クハ21形の２両編成が誕生した。

この２形式を合わせてクモハ21系ともいい、小柄な14m級で側面は2ドア、バス窓というスタイルである。前面には湘南顔のデザイン要素が採り入れられ、傾斜した２枚の窓と鼻筋があり、正統派湘南顔ともいえるが、車体幅が狭いため細面になった。車体の外観は近代的だが、台車は既存車から流用した旧型で、アンバランスに感じられた。61（昭和36）年までに2両編成5本が揃い、第3編成から車体幅がわずかに広くなった。また、湘南顔の窓の形状、表示窓の位置などが編成により異なる。地方私鉄の自社工場で同系車が計10両も落成した例は珍しい。その後、静岡鉄道ではメーカー製の電車を導入するようになり、東急車輛製の１０００系に置き換えられて73（昭和48）年に引退した。

遠州鉄道

遠州鉄道で現在も営業している鉄道線では、昭和30年代に湘南顔を持つ2形式の電車が登場し、うち1形式は長期にわたり増備された。また、廃止された奥山線にも前面に2枚の窓がある気動車が在籍した。

Entetsu
21形

遠州鉄道で最初の湘南顔となった21形電車。16m級の小さな車体で、両側に湘南顔が付けられた。赤い車体色が鮮やかだった。西ヶ崎　1964年2月23日　写真／羽片日出夫

長期にわたり増備された湘南顔の郊外電車

遠州鉄道には、新浜松を起点に北へ約18㎞延びる鉄道線がある。この路線に1956（昭和31）年に登場した両運転台の21形電車は、車体が鋼製、前面は湘南顔で側面にいわゆるバス窓が並んだ、時代を象徴するスタイルだった。車体幅が狭いため湘南顔は細面で、窓部分の傾斜が小さめなため、表情が大人しく感じられる。走行メカニズムは吊掛式駆動の旧型である。

58（昭和33）年デビューの30形は第二弾の湘南顔電車で、80（昭和55）年まで増備された。2ドア、ロングシートで制御電動車モハ30形と制御車クハ80形があり、当初は17ｍ級でのちに18ｍ級に移行。初期車の湘南顔は80系にイメージが近く、増備過程で窓形状などが変化した。完全新製と機器流用車があり、駆動は大部分が吊掛式駆動で最終増備車のみカルダン駆動。全車が引退したのは2018（平成30）年である。

また、軌間762㎜、非電化で1964（昭和39）年まで営業した奥山線に在籍した気動車キハ1804は、外板が垂直な前面に傾斜した2枚の窓があり、湘南顔に通じる造形だった。

Entetsu 30系

大柄な車体になった30形は、遠州鉄道の近代化に貢献した。車体色はスカーレット単色。急行の看板を掲げ、西ヶ崎駅に入線する。1964年2月23日　写真／羽片日出夫

Entetsu キハ1804号

奥山線の気動車は、キハ1801〜3は3枚窓だったが、1958年製のキハ1804のみ流行の2枚窓が取り入れられた。曳馬野　1964年2月23日　写真／羽片日出夫

遠州鉄道の譲渡車

遠州鉄道奥山線に在籍していた車両のうち、3枚窓のキハ1803は尾小屋鉄道に譲渡され、2枚窓のキハ1804は花巻電鉄に譲渡されてキハ801となった。なお、鉄道線からの譲渡車はない。

花巻電鉄キハ801号

社名の通り電化路線だが、変電所の負荷低減を目的に1966年に購入。キハ801に改称され塗装も変更されたが、ほとんど使用されなかったという。花巻車庫　1966年6月27日　写真／児島眞雄

近江鉄道

滋賀県の私鉄、近江鉄道では譲渡された木造電車を自社で車体を載せ替えて鋼体化する更新工事を積極的に進めた。前面形状には全国に及んだ流行に乗る形で湘南顔が採用されたが、その形状には近江鉄道ならではの特徴があった。

Ohmi
モハ1形

1963年に登場したモハ1形。近江鉄道カラーをまとう車体の前面はモハ132＋クハ1215に準じていて、狭い車体幅に角張った湘南顔が付く。八日市　写真／児島眞雄

幅が狭く角張った近江鉄道オリジナルの湘南顔

滋賀県の近江鉄道は電化されていて、米原〜貴生川間の本線の営業距離が50㎞近くあるほか、複数の支線を保有する。地方私鉄としては規模が大きく、在籍車両も多い。この鉄道には、譲渡車を更新により自社オリジナルにした電車がラインナップしてきた。１９５０〜60年代には木造の譲渡車の鋼体化が国鉄および私鉄で盛んになったが、近江鉄道でも同様の例が見られた。

そんな鋼体化電車群の中で、１９６１（昭和36）年に落成した制御電動車モハ１３１形１３２号車と制御車クハ１２１４形１２１５号車の前面は、上半分が傾斜して大きな２枚の窓を持ち、湘南顔に該当した。車体幅が狭く、前面周囲のRが小さいため角張った印象を受ける。「近江形」ともいえる湘南顔のバリエーションが確立し、以後の多くの更新車に踏襲された。

近江鉄道の湘南顔の代表例として、63〜66年に6両が鋼体化改造で落成した制御電動車モハ1形が挙げられる。16m級、2ドア、片運転台で、駆動は吊掛式である。制御車１２１３形と2両編成を組み、21世紀に入るまで活躍した。

神戸電鉄

高度経済成長の時期、兵庫県の私鉄、神戸電鉄にも湘南顔の電車が出現した。当時としては外観が斬新であったが、走行メカニズムなど技術面も先進的な仕様で、その後の系譜にも影響を与えた。

Kobe 300系

湘南顔で登場した300台の300系。地元川崎車輌製で、日車湘南タイプとはまた異なる、やや角ばった印象であった。1977年7月29日　鵯越（ひよどりごえ）　写真／佐藤 博

わずか2編成だけの湘南顔セミクロスシート車

1960年前後、多くの私鉄でカルダン式駆動を採用した、初の新性能電車が登場した。神戸電鉄では、1960（昭和35）年製造開始の300系がこれに該当する。車体は18m級の全金属製で裾の断面に丸みがあり、電動制御車同士、2両ユニットの編成が組まれた。軌間は1067㎜で、駆動にはWN継手を用いている。

　そんな300系にはセミクロスシート車とロングシート車の2タイプが設定された。前者は前面が非貫通式でやや傾斜した大きな2枚の窓があり、デザインは湘南顔に該当する。後者は前面が貫通式で、湘南顔ではない。それぞれの車番は300台と310台に分けてあり、300台は2編成、310台は3編成あった。後年、300台は湘南顔のままロングシート化と3ドア化の改造を受けて通勤形に生まれ変わり、310台の中間化改造車を組み込んで4両編成になった。また、中間車化改造されなかった310台は2両編成のまま運用が続いた。登場時は画期的な存在だった300系も冷房化改造されず、94（平成6）年までにすべて引退した。

高松琴平電鉄

四国の香川県にある私鉄、高松琴平電鉄もまた、譲渡車が幅を利かせるようになって久しいが、かつては自社発注車がラインナップしていた。その中に、戦後と呼ばれた時代に生まれた湘南顔電車もあった。

Kotoden

1010形

高松琴平電鉄にも、かつては自社発注車が投入されていた。1010形には「こんぴら2号」の愛称があり、ここから4桁の形式名になった。仏生山　1965年5月5日　写真／羽片日出夫

四国の湘南顔はことでんから異色の生い立ちの新製電車

高松琴平電鉄で基幹路線となっているのは高松と琴平を結ぶ琴平線で、都市間連絡とともに、金刀比羅宮への参拝客輸送の役割を担ってきた。モータリゼーションが本格化する以前は全国から来る利用者で賑わい、自社発注の電車たちがラインナップしていた。その中で頂点ともいえる存在だったのが、1960（昭和35）年に2両編成1本が入線した1010形である。

当初、カルダン式駆動の完全新製で計画され、帝国車輌で軽量構造の全金属製車体が完成したところで工程が中断し、その後既存車両から流用の機器を搭載のうえ落成した生い立ちがある。車体は裾が丸みを帯び、前面は傾斜した2枚窓がある湘南顔、側面は2ドアでいわゆるバス窓が並ぶ。車内はセミクロスシートで、先進的なワンハンドル式運転台が採用された。近代的な車体まわりに対し、吊掛式の駆動装置をはじめ機器流用による走行メカニズムは旧型だった。後年、前面を貫通式、車内をロングシートに改造のうえ、WN継手のカルダン式駆動装置に換装され、2003（平成15）年まで稼働した。

島原鉄道

島原鉄道は社名の通り長崎県の島原半島に非電化の路線を持ち、さまざまな気動車がラインナップしてきた。その中に国鉄の量産車を設計のベースとしながら、湘南顔の自社発注車も見られた。

Shimatetsu
キハ4500形

キハ10系と同様のバス窓の車体側面に、2枚窓の湘南顔が付いたキハ4500形。有明海に面した古部駅に停車する。古部　1964年4月28日　写真／羽片日出夫

キハ10系に準じた構造だが前面は湘南顔の気動車

終戦直後の島原鉄道の気動車は、駆動が機械式のものばかりだったが、復興から高度経済成長へ移る頃から液体式気動車を積極的に導入した。当時国鉄向けに量産されていた一般型気動車キハ10系を基本とした自社発注車が続々と入線するのだが、その中でキハ４５００形は異色の存在だった。機器類や車体の基本構造はキハ10系に準じ、側面は2ドアでいわゆるバス窓が並んでいる。横から見るとまさにキハ10系の一員だが、前面は上半分が傾斜して2枚の窓と鼻筋がある、正統派の湘南顔だった。国鉄のキハ10系以前の試作段階の気動車は湘南顔だったので、前面だけ時代がさかのぼった格好である。

キハ４５００形は１９５３（昭和28）年に4両製造され、車番は４５０１・４５０２・４５０３・４５０５である。縁起を担いで4を飛ばしているのだが、かつての地方私鉄ではこのような例が見受けられた。島原鉄道には国鉄キハ10系および次の世代のキハ20系をベースとした自社発注車や、それぞれの譲渡車が多数揃ったが、湘南顔のキハ４５００形の個性は際立っていた。

熊延鉄道

今では知らない人が多いが、かつて九州の熊本県で熊延鉄道という非電化の私鉄が営業していた。そこで活躍した気動車の中に、湘南顔のものがあったが、東京五輪の年に廃線となってこの地を去った。

Yuen

ヂハ200形

帝国車両製で、コバルトブルーとクリーム色で塗られた車体は17.6mとやや大柄。写真は廃止から約1カ月後で、車庫に留置されている。南熊本　1964年4月29日　写真／羽片日出夫

九州から琵琶湖畔へ転じた湘南顔気動車

熊延《ゆうえん》鉄道は熊本県内に営業距離約30㎞の非電化路線を保有していた。熊本と宮崎県の延岡を結ぶ構想があり、それが社名の由来である。この鉄道が戦後に投入した気動車のうち、1953（昭和28）年製のヂハ200形は小柄な16m級の両運転台で、湘南顔だった。島原鉄道のキハ4500形と同い年の湘南顔気動車だが、こちらは側面の窓がいわゆるバス窓ではない2段式で、台車はアーチバーと呼ばれるタイプなので、外観の印象はややクラシックである。また、前面の窓ガラスはHゴム支持ではなく窓枠があり、80系クハ86形や70系クハ76形の湘南顔初期に印象が近い。駆動は当初機械式で、後年液体式に改造された。

　地元以外の人が見る機会があまりなかった湘南顔気動車で、64（昭和39）年に熊延鉄道の路線が廃止されて一旦役目を終えた。しかし、解体されずに、遠く滋賀県の江若《こうじゃく》鉄道へ移籍し、同鉄道が69（昭和44）年に廃止されるまで活躍した。ちなみに、熊延鉄道は社名を熊本バスと改め、現在も交通事業者として営業している。

熊延鉄道の譲渡車

熊延鉄道は１９６４年３月31日に廃止され、２両のヂハ２００形は滋賀県の江若鉄道に譲渡された。しかし69年に廃止され、早くも解体の憂き目に遭った。

江若鉄道キハ51号

熊本から遠く滋賀に移ってきたキハ51号。奥に戦前製の流線形気動車、C9形が見える。三井寺下　1969年10月4日　写真／西村雅幸

江若鉄道キハ51号

江若鉄道廃止日のキハ51号。同志社大学鉄道同好会作成の「さようなら江若鉄道」が掲げられている。三井寺下　1969年10月31日　写真／西村雅幸

江若鉄道キハ51号

向こうから湘南顔のキハ50形が近づいてくる。琵琶湖に近い区間を走る。北小松～白鬚間　1969年10月5日　写真／西村雅幸

COLUMN

湘南顔の“ような”車両たち

1950～60年代の鉄道写真には、2枚窓の電車や気動車が全国でたくさん走っていたことが記録されている。興味深いのはまさに湘南顔というデザインだけでなく、後退角のある2枚窓だけど傾斜していない、または平面だけどパーツ構成は湘南顔、という車両が多数見られることである。このコラムでは、そんな湘南顔になりきれなかった車両たちを紹介していこう。

栗原電鉄／M15形

M18形M181はれっきとした湘南顔だが、M15形は2枚窓で前灯が1灯、さらに金太郎のような塗り分けだが、緩やかな弧を描いた前面で傾斜はしていない。第三セクターのくりはら田園鉄道を経て2007年に廃止されたが、M153はくりでんミュージアムに保存されている。
1979年頃　写真／辻阪昭浩

花巻電鉄／デハ57

馬面電車ことデハ1形が有名な花巻電鉄にも、2枚窓の電車が存在した。1958年に製造されたデハ57である。花巻電鉄は運転台が中央にあるため3枚窓が一般的だったが、デハ57はよほど湘南顔風にしたかったのか、中央運転台なのに2枚窓であった。
1963年7月　写真／辻阪昭浩

蒲原鉄道
／モハ31・41形

信越本線の加茂駅と磐越西線の五泉駅を結んでいた蒲原鉄道。1952年に登場したモハ31形・モハ41形は、緩やかな弧を描いた前面に2枚窓を配する。ウィンドウシル・ヘッダーが前面にまで回り込んでいるので、他の2枚窓電車と比べると湘南感が薄い。

写真／PIXTA

新潟交通
／モハ10形

新潟市内の白山前駅と弥彦線の燕駅とを結んでいた新潟交通。1960～69年に製造されたモハ10形は、2枚窓の非貫通型で、単行運転を基本とする両運転台車だった。日本車輌製造が開発した「日車標準車体」を採用するが、機器類は旧型車から流用した。

写真／森中清貴

小湊鐵道
／キハ6100形

1956年に投入されたキハ6100形は後退角のある2枚窓だが、窓の傾斜はない。もともと青梅線の前身となる青梅電気鉄道が投入した電車で、国鉄承継後に制御付随車化、さらに客車化後に譲渡され、気動車に改造された。上総中野　1960年8月
写真／辻阪昭浩

小田急電鉄 ／2200形

湘南顔のような電車は大手私鉄にも存在した。1954年に登場した小田急電鉄2200形は、同社の一般電車で初めてのカルダン駆動車。前面は非貫通型で、大きな2枚窓が装備された。改良型の2220形は貫通型に変更された。1962年6月　写真／辻阪昭浩

三重交通／サ360形

近鉄湯の山線が、三重交通のナロー路線（軌間762㎜）時代の1954年に登場。前面は弧を描いた2枚窓で、上がHゴムで固定されたバス窓になっていた。近鉄合併後はサ130形となり、北勢線、内部・八王子線で使用された。近鉄四日市　1957年12月10日　写真所蔵／小寺幹久

ケーブルカーも湘南顔“風”

伊豆箱根鉄道が十国鋼索線（十国峠ケーブルカー）で運行するケーブルカーは、1955年の開業時に投入された車両が使用されている。西武グループの同社は湘南顔の電車が多く、その一環でケーブルカーも湘南顔風になったのかもしれない。

ライオンズカラーをまとっていた頃の十国峠ケーブルカー。中間で2両が行き違いする。写真／児島眞雄

井笠鉄道／ホジ1形

1955年に投入されたホジ1形は湘南顔で、ナローゲージ向けの小型気動車ながら張上げ屋根やHゴム支持で進歩的な外観だった。出力強化型のホジ100形も投入された。1971年の廃止後、同じ762㎜軌間の下津井電鉄にホジ3が譲渡された。
1969年12月　写真／辻阪昭浩

鼻筋が通ったモハ103（右）とクハ23を電装化したモハ1001（左）。線路幅762㎜のナローゲージである。下津井　1985年6月9日　写真／児島眞雄

2両編成になったモハ103（手前）＋クハ24。前面は湘南顔っぽくなったが、前灯が2灯になった。下津井　1985年6月9日　写真／児島眞雄

下津井電鉄／モハ100形

宇野線の茶屋町駅と下津井駅とを結んでいた軌間762㎜のナローゲージ。1954年と1961年に投入された電車が湘南顔風であった。1954年に投入されたモハ102、クハ22・23は弧を描いた2枚窓で、前面にもシル・ヘッダーがある。1961年に投入されたモハ103＋クハ24はシル・ヘッダーがなく、鼻筋もしっかりと通り、より湘南顔らしくなった。

紀州鉄道／キハ600形

1960年に大分交通が耶馬渓線に投入し、廃止後の1975年に紀州鉄道が2両を譲受。前面は2枚窓で金太郎に塗り分ける。18m級の車体側面にはバス窓が並ぶ。2009年までに引退し、キハ603は紀伊御坊駅近くに保存された。

広島電鉄／1060形

路面電車で有名な広島電鉄だが、1060形は宮島線用の高床車で1957年に新製投入された。1061の1両のみが製造され、宮島線用では最後の新製車となっている。前面に大きな2枚窓を配する。1989年に廃車となった。己斐　1985年6月8日　写真／児島眞雄

鹿児島市交通局／400形

元は木製車体の東京都電4000形で、鹿児島市交通局に譲渡後の1950年代後半に、2枚窓の半鋼製車体に改造された。もともと木造の古い車体だったが、これにより一気にモダンになった。心なしか、隣のバスも2枚窓で湘南顔に見える!?　1969年6月12日　写真／児島眞雄

Chapter 5

第5章

軌道を走った湘南顔電車

前面が2枚窓ならすべて湘南顔というわけではないが、路面電車にも湘南顔の影響を受けたデザインが多数見られた。当時はまだ全国に軌道線があったが、湘南顔は主に大都市の事業者に採り入れられたようだ。

麻雀
品川駅
1
5503
横浜
441
3890

路面電車も盛んな1950年代、
湘南顔は軌道をも彩った

東京都電を走っていた“湘南顔”の5500形。1967年12月10日の品川線廃止を惜しむ装飾が施されている。品川駅前　1967年12月　写真／児島眞雄

東京都交通局

路面電車というと、もともとは重厚かつクラシックな車両のイメージが強かったが、太平洋戦争後にはスマートで洗練された外観のものが多くなり、東京都交通局には先進技術を採用した新型車も登場した。

Toden
5500形

アメリカの高性能路面電車の技術を採り入れて開発された。「PCCカー」の愛称がある。5501は側面の台車部分が車体から覆われていたが、5502以降は開けられた。品川駅前　写真／児島眞雄

新時代の路面電車を目指した意欲作

アメリカでは戦前から自動車やバスの普及により、路面電車が劣勢となった。そんな状況を背景に、PCC（電気鉄道経営者協議会／Electric Railway President's Conference Committee）という組織の主導で規格型電車が開発され、PCCカーと呼ばれた。車体や走行装置に新技術が満載され、高性能かつ静粛で快適なものとなり、北米各都市が計5000両近くを導入した。PCCカーの技術を採り入れ、東京都交通局に1954（昭和29）年に登場したのが5500形5501である。本家に似たスマートな車体の前面に傾斜した2枚の窓があり、湘南顔の一員といえる。同様の車体に国産機器を搭載した5502～5507も落成した。

また、54～56（昭和29～31）年に製造された7000形も外観が近代的で、前面左右に1枚ずつ大きな窓があったが、のちに一部は3枚窓に改造された。7000形の一部は車体換装を含む更新を繰り返し、7700形として現存する。ほかに、54（昭和29）年に1両製造された6500形も前面に2枚の窓があった。

Toden
7000形

1954年に登場した7000形は前面2枚窓（向かって左側は2段窓）だった。1955年に登場した3次グループは荒川線のみになった後も残存し、1977年から車体が更新された。一部は2016年に大改造を受けて7700形となり、現役である。
志村橋　1966年5月28日　写真／児島眞雄

4路線が設定されたトロリーバスのうち、3路線は池袋駅を発着していた。写真は1954年に登場した200形。豊島区堀之内　写真／児島眞雄

トロリーバスも湘南顔!?

東京都交通局では、1952（昭和27）年からトロリーバスを運行していた。トロリーバスとは、バスの屋根上に集電装置を搭載し、路面電車と同じように架線集電して走るバスで、無軌条電車として鉄道に分類される。湘南顔の全盛期に2枚窓で登場したので湘南顔の影響のように思えなくもないが、バスの車体は古くから2枚窓が主流だったので、鉄道車両を意図したものではないと思われる。

東武鉄道

関東地方で最大の路線長を有する私鉄、東武鉄道はかつて栃木県の日光で路面電車の営業もしていた。その路線に1950年代に投入された100形・200形電車の前面デザインは、湘南顔の流れを汲んでいた。

Tobu

200形

東武日光駅前で並ぶ200形。1954年に登場した200形は連接車で、100形と同じ前面で6本が製造された。1968年の廃止後は譲渡されず、全車廃車となった。1編成が東武博物館に保存されている。1956年10月17日　写真／児島眞雄

単行と連接車体の2バージョンがラインナップ

明治時代の末期、日光電気軌道という路面電車が国際的観光地の日光に開業した。日光電車と呼ばれて旅客輸送に加え貨物営業も行い、戦時中に東武鉄道の傘下に入り、戦後の1947（昭和22）年に吸収されて東武鉄道日光軌道線となった。その時点では従前の車両を使用していたが、新しい車両に置き換えることとなる。

東武鉄道として新たに導入した路面電車の第一弾は53（昭和28）年登場の100形である。普通の単行スタイル、12m級で、車体は内装の一部に木材を用いた半鋼製ながら窓の上下にシル・ヘッダーがない。そんなスマートな車体の前面には傾斜した2枚の窓があり、片方が2段であるものの、湘南顔の一員といえる。

第二弾は200形で、翌年登場した。2車体連接で全長が約18・5mあり、輸送力増強を狙った。車体は連結構造で、運転士と車掌2人の乗務に対応してドアや窓を配置したのを除くと、前面の造形を含め100形と共通の要素が多い。この路線は高度経済成長で一時期は繁栄したが、68（昭和43）年に廃止された。

Tobu

100形

1953年に登場した100形は単行運転用で、10両が製造された。鼻筋が通り、前面窓も傾斜している。1968年の廃止後は全車が岡山電気軌道に譲渡された。現在、東武日光駅前に1両が保存されている。1956年10月17日　写真／児島眞雄

東武鉄道の譲渡車

日光軌道線の廃止後、100形は10両すべてが岡山電気軌道に譲渡され、3000形として運転を再開した。現在も2両が現役である。

岡山電気軌道3000形

2両ある現役車両のうち3007は、水戸岡鋭治氏がリニューアルデザインを施した「KURO」となり、人気を集めている。

仙台市交通局

杜の都、仙台の都市交通というと、同市交通局の地下鉄が市民の足として親しまれるようになって久しいが、かつては路面電車の路線網があり、走っていた電車の中に湘南顔のメンバーも見られた。

Sendai

200形

1954年から57年に11両が製造された。前面は傾斜した2枚窓で、窓の裾を外側に開けることができる。1968年にワンマン化改造を受け、前面窓の大きさが左右で非対称になった。1976年の仙台市電廃止まで活躍したが、保存車はない。1967年7月5日　写真／児島眞雄

戦後に誕生した湘南顔の路面電車

仙台市の路面電車は大正時代末期に開業し、当初から市営だった。「単車」と呼ばれる車輪が2軸の小型電車が走っていたが、戦後の復興期に2軸ボギー車が登場した。その第一弾は1948（昭和23）年から製造された80形で、車体は半鋼製で同時期のほかの都市の路面電車と同様、丸みを帯びた造形で窓が大きく、明るい印象だった。のちに100形と改番された。

続いて54（昭和29）年にデビューしたのが200形で、車体は丸みが増して流線形風になり、前面には大きな2枚の窓があった。湘南顔に該当する前面デザインの路面電車はいくつかの都市で見られたが、この200形は窓の傾斜が大きめで桟がなく、なかなかのスマートさである。また、車体が軽量化されたほか、台車にゴム材を入れて騒音と振動を抑えるなど、快適さも配慮された。後年のワンマン化改造で前面に手が加えられ、窓が左右非対称、向かって右が大きく、向かって左は幅が狭い2段となってイメージが大きく変わった。71（昭和46）年に仙台市交通局の路面電車が廃止されるまで活躍した。

川崎市交通局

全国屈指の工業地帯を有する川崎市にも、かつては路面電車が走っていた。そして、戦後の復興が軌道に乗った時期に登場した新型電車は前面に大きな2枚の窓があり、湘南顔に該当する造形だった。

Kawasaki 700形

前面形状は600形と700形でほぼ同じだが、600形は車体側面の両端に客用扉があったが、700形は側面の左と中央になり、塗装も変更された。京急川崎駅前　1969年3月　写真／児島眞雄

工業地帯の路線を走った湘南顔電車

川崎市の路面電車は川崎駅前と工業地帯の塩浜を結ぶ路線を営業していた。太平洋戦争の末期、軍事物資を製造する工場への従業員輸送を目的に開業し、終戦直後の1946（昭和21）年に市電川崎から塩浜まで、6・2㎞が完成した。当初は譲渡された木造の電車を使用し、新造車の第一弾となったのは49（昭和24）年登場の半鋼製車500形で、前面に3枚の窓があった。

続いて52（昭和27）年に登場した600形の前面窓は大きな2枚で、湘南顔の要素を持っている。ただし、窓部と腰部は傾斜した同一面で、向かって左の窓は2段なので、80系をはじめとした正統派の湘南顔とは印象が異なる。600形には完全な新造車と、新造車体と木造車から流用の機器を組み合わせたものがある。

54（昭和29）年に登場した改良版の700形は、前面は600形と同様だが、側面はドアの位置が両端から、向かって左端と中ほどという配置に改められた。この形式は木造車の機器を流用している。600形、700形ともに69（昭和44）年の市電廃止まで働いた。

横浜市交通局

神奈川県最大の都市、横浜にもかつて市営の路面電車があり、市民の大切な足として親しまれていた。ここの電車群のうち戦後に生まれた2形式では、前面に湘南顔の要素が見られた。

Yokohama

1150型

高性能車の1500型に対し、旧型車を改造して1500型と同様の車体を組み合わせた1150型。22両が製造され、1161以降は側窓がバス窓になった。横浜駅前　写真／児島眞雄

港ヨコハマにも走っていた 湘南顔の路面電車

横浜市の路面電車は明治時代終盤の１９０４（明治37）年に開業し、当初は民営だったが、大正時代後期の21（大正10）年に市が買収した。関東大震災や太平洋戦争中の空襲といった試練を乗り越え、都市交通の重要な役割を担ってきた市電だが、70周年を目前にした72（昭和47）年に惜しまれつつ廃止された。

ほかの多くの都市と同様に初期は木造の単車が走り、やがて鋼製への移行と大型化が進んだ。戦後の復興が進み、路面電車が勢いに乗っていた時期の51（昭和26）年、近代的な新型車１５００形が登場した。駆動は吊掛式だが、新設計の機器類を用いて性能や静粛性を向上させ、車体も窓が大きく外観がスマートだった。前面窓は大きな2枚でわずかに傾斜し、向かって左側の窓が2段であるものの、湘南顔の要素を持つ。

１５００形は高性能な反面、機器類の製造コストがかさんだ。それに対し、同様の新製車体と廃車発生品など既存の機器を組み合わせて低コスト化した１１５０形が、52（昭和27）年から加わった。2形式は市電全廃まで活躍した。

名古屋市交通局

中部地方最大の都市、名古屋にもかつては路面電車があった。日本で2番目の電気鉄道であり、戦後の最盛期には30に迫る系統を有していた。さまざまな種類がラインナップした電車のうち１形式は、湘南顔の仲間であった。

Nagoya
800形

日本車輛製造が1956年から58年にかけて12両製造した路面電車。準張殻構造による軽量化とコスト削減を図った意欲作であった。外観も前面2枚窓に台車まで覆われた側面と、先進的であったが故障が多く、1969年に引退した。
1956年12月8日　写真／足立健一

名古屋にも出現した高性能な路面電車

名古屋市の路面電車は19世紀末に名古屋鉄道の前身である名古屋電気鉄道によって開業し、大正時代に市営に移管された。戦後のわが国では、ＰＣＣカーの技術を採り入れた東京都交通局５５０１形５５０１をはじめとした、高性能かつ静粛な路面電車がいくかの都市に導入されたが、名古屋市の８００形もそれに該当する。

登場は１９５６（昭和31）年、車体は軽量な準張殻構造の鋼製で、側面の裾が低い位置まで伸びて台車も覆っている。面積が大きな窓と合わせ明るくスマートな印象で、側面腰部の水平な補強リブも特徴である。そして、前面には傾斜した大きな2枚の窓があり、片側が2段であるものの湘南顔の一員といえる。走行メカニズムにも新たな技術が採用され、主電動機を床下に搭載し、駆動車輪に向けて軸が伸びた独特な構造になった。８００形はまず1両が試作され、追って11両が量産された。画期的な電車だったが特殊な要素が多く普及には至らず、72（昭和47）年に名古屋市の路面電車が全廃されるよりも早く、69（昭和44）年に引退した。

とさでん交通

四国の高知市および周辺の路面電車は、民営の土佐電気鉄道によって長年にわたり運行された。戦後の高度経済成長期に新製で導入された電車の中に湘南顔のものがあり、31両が製造されたうち29両が現在もとさでん交通で稼働している。

Tosaden
600形

151ページの東京都電7000形をモデルにしたため、前面2枚窓の湘南顔のような外観になっている。31両が製造され、うち21両は自社工場で製造された。1963年までの長期間にわたって製造され、すべて冷房化改造されている。

南国土佐に今も健在 湘南顔の路面電車

土佐電気鉄道は20世紀初頭に創業し、最盛期には5つの路線で営業していた。ほかの多くの都市の例と同様、初期は木造の単車が走り、時代とともに進化が続いた。戦後の高度経済成長期、モータリゼーションが本格化する前で勢いがあった1957（昭和32）年、新型電車600形が登場した。31両が製造された本形式は、同時期に量産されていた東京都交通局7000形と共通の要素が多く、特に車体側面はよく似ている。わずかに傾斜した前面に2枚の大きな窓があるところも7000形と同様だが、窓の縦横比が異なって正方形に近く桟がないことから、より湘南顔らしい表情をしている。

土佐電気鉄道は3路線を保有して21世紀を迎えた。そして、2014（平成26）年に高知県を本拠地とするバス事業者2社と経営が統合され、とさでん交通という社名で再出発した。製造からすでに半世紀以上が過ぎていた600形も、新会社に継承された。土佐電気鉄道当時に冷房化改造されており、カラーのバリエーションが多彩で、利用者に親しまれている。

編集
林 要介
（「旅と鉄道」編集部）

ブックデザイン
天池 聖（drnco.）

執筆
松尾よしたか

写真協力
高橋誠一
羽片日出夫
松尾よしたか
森中清貴

小寺幹久
（大那庸之助氏・
足立健一氏写真所蔵）
マリオン業務センター
（児島眞雄氏写真所蔵）

学習院大学鉄道研究会動輪会
米原晟介
高島 康
辻阪昭浩
佐藤 博

同志社大学鉄道同好会クローバー会
藤本哲男
福田静二
西村雅幸
貝塚恒夫

旅鉄BOOKS 063

懐かしの湘南顔電車

2023年1月26日　初版第1刷発行

編　者　「旅と鉄道」編集部
発行人　勝峰富雄
発　行　株式会社天夢人
〒101-0051　東京都千代田区神田神保町1-105
https://www.temjin-g.co.jp/
発　売　株式会社山と溪谷社
〒101-0051　東京都千代田区神田神保町1-105
印刷・製本　大日本印刷株式会社

●内容に関するお問合せ先
「旅と鉄道」編集部　info@temjin-g.co.jp　電話03-6837-4680

●乱丁・落丁に関するお問合せ先
山と溪谷社カスタマーセンター　service@yamakei.co.jp

●書店・取次様からのご注文先
山と溪谷社受注センター　電話048-458-3455　FAX048-421-0513

●書店・取次様からのご注文以外のお問合せ先
eigyo@yamakei.co.jp

Printed in Japan
ISBN978-4-635-82454-5